U0659825

[小鹅] 著

贝果韧性美味的秘密

The Secret of Chewy and Delicious Bagel

海峡出版发行集团 | 福建科学技术出版社
THE STRAITS PUBLISHING & DISTRIBUTING GROUP | FUJIAN SCIENCE & TECHNOLOGY PUBLISHING HOUSE

前 言

到目前，我已经从事贝果制作有 6 年。关于贝果的知识，仍然有很多需要学习的地方。2019 年是我第一次接触贝果的制作，那是在日本烘焙专门学校的课堂上，我第一次看见一个面包需要水煮过才烘烤，烤出来的成品，让我深深着迷。后来，在老师的带领下，我们每 4 人一个小组开始研发自己的贝果产品，并且将贝果产品搭配不同的材料做成三明治。在学校的开放日上，我们会将产品售卖给周边的居民，基本上经过一小时，我们制作的几百个贝果就会售罄。那是多大的满足感和成就感啊！这种感觉至今都荡漾在心里。后来回到国内，我就开始全心全意投入贝果的研发与制作。那时候，在"小红书"的后台输入"贝果"会看到只有每日几十人次的搜索量；和家人、朋友谈起贝果，大家也都是一脸茫然的表情。如今，在各大平台，"贝果"已经成为热门词条；就我所在的深圳，说起贝果，年轻人都会马上反应道：啊，就是那个要水煮的面包！我想，这是贝果的"时代"到来了吧。

关于本书的写作，我非常感谢出版社编辑给予的诸多建议，以及耐心的修改。我们在基本制作的章节，按照原味贝果的三种不同口感分别进行详细讲解，而在多样口味的章节，我们对每一种口味都给出了三种口感配方，这样大家在家也可以任意制作出自己想要的贝果。上述三种基本口感，只需要用一种面粉即可做到，很方便家庭制作。书本中"松软口感"的贝果的配方，去掉黄油之后，就是我们店里销售的热门配方。在我们快递配送范围之外的小伙伴买不到我们店铺的贝果，也可以自己在家制作出来了。另外，我在线上课程中还分享了三十多种口味的贝果，这些配方和书本里的不尽相同，有开店或者私房制作需求的小伙伴，可前往进一步深入学习。

希望有越来越多的朋友，可以在家感受到制作贝果的快乐，在家吃到最新鲜的贝果面包。

贝果那种干净、单纯的麦香味深深令我着迷。接下来的时间，我依然会继续在这条路上深入探究。能把一件事做到极致，是幸福的事情！

小鹅

2024 年 12 月

目 录
CONTENTS

Part 1
贝果的前世今生

Part 2
贝果的制作准备

Part 3 原味贝果 3 种口感做法全解

Part 4 不同口味的贝果做法

香浓可可贝果
/ 72

酒渍橙丁可可贝果
/ 74

巧克力流心贝果
/ 76

橙香奶酪可可贝果
/ 78

咖啡摩卡贝果
/80

蔓越莓贝果
/82

生椰斑斓贝果
/84

南瓜贝果
/86

30% 全麦贝果
/ 88

奶盐贝果
/90

川香辣肠贝果
/92

平安果肉桂贝果
/95

卡乐比早餐贝果
/98

燕麦贝果
/100

无糖蓝莓贝果
/102

开心果贝果 /
开心果奶酪贝果
/105

玫瑰奶酪贝果
/108

抹茶贝果
/ 110

抹茶红豆贝果 /
抹茶奶酪贝果
/112

Part 1
贝果的前世今生

贝果这几年在中国的热度大增。这种面包似乎天生兼有东方和西方的气质——虽然诞生于西方，但其表皮具有仿佛出自东方的细腻、圆润，口感带着酥脆，有韧劲，又不干硬，再加上其配方低糖无油或者无糖无油，符合现在很多人对健康的追求，难怪中国会刮起贝果的热风。

贝果的这种气质来自它独特的制作环节——面团在烘烤前要入热水烫煮。正是这个环节让贝果拥有了独特的表皮，有光泽，而且吃起来韧性十足。

贝果的制作难度不高，适合初学者入门。原味的贝果就能够充分表现出小麦粉的惊人香味；同时，你还很方便将贝果搭配各种食材——可以将成品贝果夹馅做成三明治，或者在制作中在面团中加入多种多样的食材。

所以，贝果受到很多制作者、烘焙坊的喜爱。在世界各地，有不少以贝果为专卖品的烘焙店，有的还久负盛名。

传统

贝果的历史可以追溯到 16 世纪的波兰，那时它被称为"obwarzanek"，在犹太社区中很受欢迎，并通常在犹太教的安息日（星期六）和其他节日、庆典期间食用，所以贝果是那里的传统食物。

现在，我们吃贝果时，如果将贝果切成两半，涂上一些奶油奶酪，放上一块烟熏三文鱼，这种吃法其实就是一种正宗的美式犹太早餐。

初起

贝果是目前"唯一"一种需要水煮过后再进行烘烤的面包。正因为经过水煮这个环节，让贝果有了区别于其他面包的口感，吃起来更有嚼劲、韧性十足。

目前关于贝果最初起源的故事，有两种说法。

一种说法是：在 1683 年，波兰国王扬·索别斯基率军解救了被土耳其人侵的奥地利首都维也纳，在国王的胜利巡游中，奥地利的一位犹太面包师傅送给他一种圆圈形的面包，这种面包是特意为这次胜利而创作的，面包师傅为他的发明起了一个名字，奥地利德语为 Bügel，意为"骑马者放脚的马镫"，因为这种面包（贝果）的形状有些像马镫，同时也很适合骑兵携带，因为可以通过绳子将几个贝果系在一起。

贝果中间的孔洞可供多个贝果穿在一起，这样方便售卖或携带

　　另外一种说法有历史文献的记载：在 1610 年的波兰，贝果被当作一种礼物，送给分娩中的妇女，因为那时候的波兰民众认为，这种圆形的面包可以给新生儿带来好运，并且有长寿的寓意。

● 商品化

　　随着面筋度（蛋白质含量）越来越高的美国面粉进入波兰市场，贝果的口感也变得越来越好，于是贝果变得更加流行起来。

　　随后，波兰犹太人移民将贝果这种面包带入美国市场。特别在纽约市，贝果的生意异常兴隆。纽约现在也被称为美国的"贝果之都"。

在 20 世纪上半叶，纽约当地的贝果制作者们成立了名为"Beigel Bakers Local 338"的行业协会，行业协会的主要成员就是来自波兰的犹太移民中的贝果制作商户。行会当时严格管控贝果的制作与贩卖，甚至可以随心所欲地停止一些店铺的贝果生产；行会也严格限制成员资格，主要授予犹太移民，特别是来自特定地区的人。这种排他性做法限制了贝果的生产，这种状况持续了几十年。

直到 1958 年，美国人丹尼尔·汤普森发明了世界上第一台可商业运行的贝果机器，随后，贝果面包师哈利·兰德斯（Harry Lenders，也是来自波兰的移民）租用了这台机器，在 1960 年代开创了贝果的自动化生产，以及分销做法，贝果被行会垄断的时代才结束。后来，"LENDERS"成为世界上最大的贝果生产商品牌。

现在，最大的贝果工厂位于美国的伊利诺伊州，这个工厂一天可以生产 100 万个贝果。

在 1989 年，纽约的一位面包师将第一个贝果带到日本，由此，贝果在日本开始发展。

1940 年代的纽约贝果制作者行业协会

"LENDERS"贝果品牌

世界上不同的贝果风格

现在市场上熟知的贝果风格有纽约贝果、加拿大蒙特利尔贝果、日式贝果。

美国纽约贝果的面团配方里含麦芽糖和盐，体积蓬松，有多样的风味变化，从传统的芝麻口味到洋葱大蒜口味等。

加拿大蒙特利尔贝果的配方里不含盐，面团在烘烤前放在蜂蜜水中煮过，而后再放进燃木窑中烘烤。蒙特利尔贝果的个头比纽约贝果小，中间的孔洞比较大，口感更酥脆，也更甜。虽然也有不同的口味，但通常以其不同的甜味和烘焙风格著称。

日式贝果是在纽约贝果的基础上改良来的，口感更为松软，并且经常会包入不同的馅料。

在中国，大约在 2020 年，贝果的社会热度有明显的提高，此后人们的这种喜好一直延续至今。

不管是哪一种贝果，受到喜爱的原因都来自人们对健康饮食的追求。这种观念现在越来越成为主流。贝果相较于身边多见的高糖油类面包，热量更低，而且它水煮后增加了韧性，需要咀嚼更长的时间，更容易带来饱腹感。

同时，贝果的口感对大多数人都适合，加热后外韧内松的滋味让人回味无穷，既能充分散发面粉的香味，也很方便添夹各种辅助材料或馅料。同时，贝果酥脆的表皮既有面包皮特有的焦香，又比很多硬式欧包来得不那么干硬，也更少一些吃多了之后"上火"的顾虑。

Part 2
贝果的制作准备

做贝果的工具 ⬤ ⬤ ⬤

贝果的制作需要的材料和器具是面包中较少的。如果你是新手小白，很适合从这里入门学习。

设备上，有一台烤箱就可以了。有条件的话还可以准备一台厨师机，会让你揉面的效率大大提升。此外，还用到其他小工具，其中很多可以利用家里现成的工具。

〜〜〜〜 **设备** 〜〜〜〜

烤箱（必备）

烤箱有平炉和风炉两种。

一般的家用烤箱就是平炉烤箱，主要由上、下发热管辐射热能进行加热，烤箱内空气进行自然流动。**本书中的配方制作都是用平炉烤箱烘烤。**

风炉烤箱在背部有风机吹动烤箱内的空气，所以它更多是通过热风来加热食物，这样的方式加热效果更均匀，所以烤箱内部可以同时使用多层来烘烤面包；在另一方面，热风会带走面包更多的水分，所以烘烤中要多打蒸汽。（读者烘烤本书配方时，如果将平炉改为风炉，那么烘烤温度要减少大约15℃，烘烤时间要缩短约25%。）

近几年，市面上"风平炉一体"的家用烤箱越来越多，这种烤箱同时拥有风炉和平炉的结构特点，但这种烤箱如果不带有蒸汽功能的话，建议使用其平炉方式烘烤面包。

平炉烤箱

厨师机或搅拌机（选备）

厨师机可以提高揉面效率，在家庭经常制作面包的情况下可以准备一台。厨师机的转头通常可接揉面钩、打蛋头、搅拌头三种配件，根据需求选择，制作面包使用的是揉面钩。厨师机的转动挡位一般有11挡，面包制作经常用到的是4～6挡。4挡属于"低速"挡，制作贝果一般使用这一挡搅打面团。6挡属于"高速"挡，制作吐司的时候会用到（每一台厨师机都会告诉用户打面的最高挡位，不要超过这个挡位去打面）。

搅拌机（也叫打面机）是更专业的面团搅拌工具，容量更大，在专业制作面包的场合必备。它的挡位一般分"低速"和"高速"。

本书各贝果配方均建议全程低速搅打。贝果面团属于低含水量的面团，全程高速搅打容易搅拌过度，即让面筋断裂，不利于后期面团的膨胀。

厨师机

醒发箱（选备）

"发酵"是制作面包的重要环节，可以毫不夸张地说，面包是发酵的艺术。

醒发箱可以将发酵的环境温度和湿度控制在我们想要的条件下，稳定发酵过程。

有的烤箱带有醒发箱功能。但烤箱内一般只能调节温度，不能调节湿度，为了保证湿度，可以用拧干水的湿布覆盖面团，并在箱内放一碗水。

放在室温下发酵也可以。缺点是冬天温度过低的时候，面团有可能发不起来或者发酵时间过长，这时候可以采取一些措施，比如放在暖气片附近，或者放在加了热水的泡沫箱内。

使用烤箱醒发功能时可以放一碗水以提供湿度

不锈钢碗

准备多个大小不同的不锈钢碗，便于称量配方中的各种材料。也可以用家里的陶瓷碗代替。

布

给面团保湿用，天气干燥的时候，可将沾了水的布拧干，盖在松弛的面团上避免干燥。面团表皮如果干燥将不好整形，经过烘烤会开裂。

刮板

用来切割面团。不可用手撕的方式分割面团，那样会破坏面筋结构。也可用家里的刀代替，注意不要划伤手或者操作台。

左：不锈钢刮板，手握部分有比较厚的塑料。适合分割面团，因为手部受力面积大，大量分割面团时不至于疼痛。
中：软刮板，柔软度高，易操作。可用于刮去面缸或者碗里的剩余面团。
右：方头刮，可以用来分割面团。大量分割的时候，因为手掌受力面积小，会导致疼痛。

擀面杖

展开面团及整形时使用。带有凹凸纹理的擀面杖更有利于面团排气。使用家里常用的木质擀面杖也完全没问题。

上：有凹凸纹理的擀面杖。
下：光滑的硅胶擀面杖，不易粘面团，在南方梅雨季节不用担心发霉。

电子秤

制作面包关系成败的第一步就是精准地称量材料。家用电子秤测量范围覆盖 1g ~ 2kg 就够使用。（另外还可选择购买精确度到 0.01g 的电子秤，有些面团配方酵母用量少，可用这种秤准确地称取。）

左：精确至 0.1g 的电子秤。
右：精确至 0.01g 的电子秤。

秒表计时器

在松弛面团及煮贝果的时候，用来精准计时。

漏勺

在煮贝果时用于从锅里捞出贝果。

锅

水煮贝果面团时使用。建议使用大口径的锅，以免在捞取操作中磕碰面团。

油布

防粘，铺在烤盘上，然后再放置面团烘烤，烘烤完面包方便取下。如果使用的是不粘烤盘，可以省略铺油布。这里的油布和烤蛋糕卷使用的油布一致，可重复利用。

手套

如果使用普通的劳作手套，一定要戴2层后才可以直接拿取高温的烤盘及刚烤好的面包。

也可以直接使用耐高温烘焙手套，它是长袖套，可以保护手肘。

注意：佩戴手套打湿的时候切忌触碰高温物体，会导致烫伤！

戴2层劳作手套才可以拿取高温烤盘

耐高温烘焙手套和普通劳作手套

做贝果的材料 ⬤ ⬤ ◎

　　基础贝果的材料和欧式面包基本上一样，只需要高筋面粉、水、盐、酵母、糖。水使用普通的即可，下面对其他材料的作用、使用进行详细介绍。

酵母　　　　　　　　高筋面粉

糖　　　　　　　　　盐

面粉的选择

　　面粉有高筋、中筋、低筋之分，这是根据面粉的蛋白质含量进行的。制作贝果要用高筋面粉。

不同筋性的面粉的判断和使用

面粉分类	蛋白质含量	应用场合
高筋面粉	大于11%	面包制作，例如贝果、吐司等
中筋面粉	约等于9%	中式点心制作，例如包子、馒头、花卷等
低筋面粉	6.5%~8.5%	蛋糕制作，例如戚风蛋糕、海绵蛋糕等

面粉包装上会有"营养成分表"，列明每100克面粉的成分含量，其中有蛋白质的克重，将其除以100克就是我们判断面粉筋度的依据。

当然，很多面粉袋上会写明"低筋""中筋""高筋"字样。国内超市有卖散装面粉（自己舀取），通常是中筋面粉。

我们在制作不同产品的时候一定要选择对口的面粉来制作。如果制作面包用低筋面粉，面包可能长不大，口感不好，没有麦香味。

糖的作用

糖在贝果里经常用到，但其实不是必选项，这一点和大多数欧包一样。

在贝果制作中，糖除了加入面团，还用于做煮面团的糖水。

1. 糖带来甜味

轻微的甜味是受人欢迎的。本书面团配方里的糖指的是白砂糖（蔗糖）。

也可以用蜂蜜代替砂糖。替换时，要考虑到蜂蜜的含水量，如果用500克蜂蜜替代500克砂糖，要减少配方中80～90克的水量。蜂蜜中的糖主要是单糖——葡萄糖和果糖，更容易被酵母菌食用。

2. 糖为酵母提供营养，促进发酵

蔗糖是双糖（含有两个羟甲基 CH_2OH），不能被酵母直接食用，但酵母会在自身表面利用自己带有的酵素（转化酶）将蔗糖分解成单糖——葡萄糖和果糖，再将这些单糖引入体内食用。在缺氧的情况下，酵母食用单糖的方式是将它们分解成酒精和二氧化碳，而这就是发酵反应——酒精带来香气，二氧化碳带来面团的膨胀。

3. 糖可以加深烤色

贝果的面团配方也有不加糖的，但是加糖的配方烘烤后上色效果明显更好（如下图所示）。煮贝果的水里加入白

左边是无糖贝果，右边是面团加了适量糖的贝果

砂糖也起到促进面包上色的作用。

面包的上色来自两个反应。一个就是美拉德反应，这个反应是由还原性糖（在化学反应中表现为还原性的糖）和蛋白质共同发生的，在 40℃就缓慢开始进行；还有一个是焦糖化反应，到高温（一般要 140℃以上）才发生，很多糖都会发生这个反应。

对于美拉德反应来说，蔗糖并不是还原性糖，但它被酵母表面的酶分解成的葡萄糖和果糖都是还原性糖，会参与美拉德反应。此外，蔗糖为酵母提供了营养，增进了酵母活力，而酵母在发酵阶段会分泌淀粉酶去切割淀粉分子，切割的产物中就有很多还原性糖，也让美拉德反应增多。

对于焦糖化反应来说，蔗糖本身就可以发生，此外麦芽糖、葡萄糖、果糖等也会。

这时候有人会说："很多硬欧包不加白砂糖，上色也很好啊！"这是因为硬欧包的发酵过程和贝果相比，时间长很多，经过长时间的水解，淀粉会被分解出更多的糖分，从而帮助发酵和后期上色。

如果想要无糖配方的贝果，又希望贝果有烤色，有什么办法呢？

我们首先要确认一下人们常说的"无糖配方"中"糖"的含义，它指的其实是蔗糖，即面包原料中的砂糖。

实际上，所有面包中都含有糖分，因为面包必不可少的原料——面粉中含有的淀粉会在面团静置和发酵过程中被淀粉酶（来自面粉本身和酵母）分解成麦芽糖、葡萄糖，而它们并不是蔗糖。

所以，在"无糖贝果"中，我们可以在配方中加入"麦芽精"来帮助上色。麦芽精是大麦发芽生成的产物，含有的是 α 淀粉酶和麦芽糖。把麦芽精加入面团里，α 淀粉酶可以切割淀粉产生还原性糖，继而产生美拉德反应帮助上色；麦芽糖可以给酵母提供营养，酵母就会更多地将淀粉分割出还原性糖，继而产生美拉德反应帮助上色；此外，麦芽糖本身会发生焦糖化反应帮助上色。

所以，如果你的贝果的发酵采取低温冷藏长时间发酵，那么配方中不加糖也不会对成品上色有很明显的影响。

本书将介绍 3 款原味贝果配方，其中扎实口感配方进行低温长时间发酵；而另外两款配方（Q 弹口感、松软口感）没有进行长时间发酵，就不宜随便将配方里的糖去掉。

4. 糖让面包不易变干硬

面团中加入砂糖，砂糖溶于水后渗入淀粉结构的空隙。当做好的面包中的淀粉要老化时，砂糖会有效地防止水分流失，维持淀粉的糊化状态，面包就不会那么硬。

盐的作用

1. 赋予咸味，增强风味

加盐不仅仅可以带出咸味，还有综合性的作用，能引出面包的风味、增强味蕾的感受，让面包变得更加美味可口。

2. 控制发酵

如果面团里盐的添加量低于 0.2% 烘焙比（烘焙比的定义见后），那么这时候盐的作用就是促进发酵；反之，盐高于 0.2% 烘焙比时，会抑制发酵反应。

3. 强化面筋，增加面团的黏性及弹性

在面团中产生面筋时，有盐的作用，面筋网状组织会更细密，从而形成弹性

强的紧实面团，烘烤出的面包纹理细致又有体积。

酵母的选择

市面上销售的酵母有鲜酵母和即溶干酵母两种形式。

1. 鲜酵母

鲜酵母的含水量高达 70%。冷藏可保存约 1 个月，冷冻可保存 6 个月。使用时，先把鲜酵母溶于水，再投入面团，避免酵母无法和材料完全融合，发酵不完全。

使用鲜酵母时，不必区分面团是低糖还是高糖。

2. 即溶干酵母

即溶干酵母使用和保存方便，最常被使用。

即溶干酵母又分低糖型（普通型）和耐高糖型。低糖型酵母是最常见的，适用于糖含量在 8% 烘焙比以内的面团（本书中使用的酵母不特指，都是低糖型即溶干酵母。贝果绝大多数是低糖配方，所以也都使用低糖型酵母）。耐高糖型酵母适用于糖含量超过 10% 烘焙比的面团。糖含量在 8%~10% 区间的配方，使用两者中任一种皆可。

如果要将配方里的干酵母替换成鲜酵母，则按照干酵母：鲜酵母=1：3的比例进行换算，即鲜酵母的重量是干酵母的3倍，同时，可以把鲜酵母含有的水分增加计算入配方的水量中。

如果耐高糖和耐低糖酵母用错了会怎么样？

高糖面团里加入低糖型酵母，只要糖含量不超过10%，面团还是可以膨胀到一定程度。

无糖或低糖面团里加入耐高糖型酵母，将会导致面团不能顺利发酵，无法充分长大。

使用代糖的面团，属于无糖面团。

专题：烘焙百分比

上面关于盐和酵母的内容中提到了烘焙比，也叫作烘焙百分比。相关比例并不是材料占整个面团的比，而是以配方中的面粉重量为分母计算得到的，即

某种材料的烘焙百分比 = 该种材料重量 ÷ 面粉重量 ×100%

所以，面粉的用量在面包配方中总是100%，其他材料的比例据此类推。

这样计算的好处是，能帮我们快速判断配方是否在合理的范围内，因为面粉是面团最主要的物质，其他材料都是作用于它或以它为基础生效。

有了烘焙百分比，我们可以做很多判断，并做出适当的调节。

例如，一个贝果配方的含水量比较大，那么我们能初步判断贝果的口感是比较松软的，同时，制作的时候也容易因为具体面粉品种吸水能力的差异，导致面团比较粘手的情况，于是我们在制作中可以提前预留一部分水，根据打面情况再判断是否加入，从而避免面团过湿的情况。

对于酵母，我们会根据不同季节的温度来调节其比例，在夏天适量减少酵母，冬天冷的时候提高酵母的比例，这样的调节建议按0.2%一次的量逐步地增减。

Part 3
原味贝果 3 种口感做法全解

Q弹

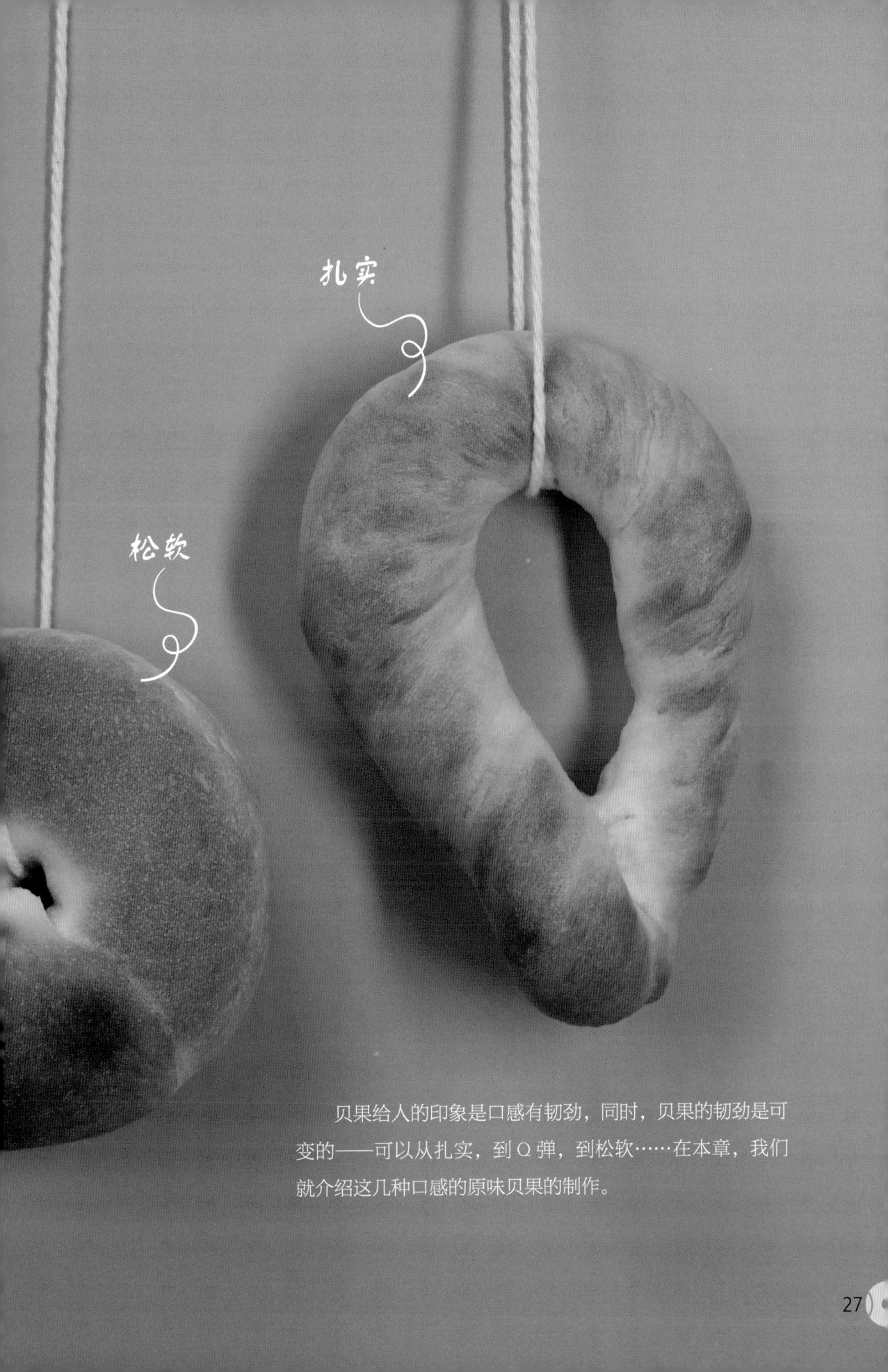

扎实

松软

贝果给人的印象是口感有韧劲，同时，贝果的韧劲是可变的——可以从扎实，到 Q 弹，到松软……在本章，我们就介绍这几种口感的原味贝果的制作。

扎实口感贝果： 面包体密实，麦香浓郁。制作时面团加入尽量少的水和酵母，在低温下慢慢发酵，以尽可能释放小麦面粉的香味。吃起来口感扎实，韧劲也最大，对于老人和小孩来说可能比较费牙口（值得提醒大家的是，任何面包在复烤后，内部口感都会比在常温时软，在口感扎实的欧包上这种效果尤为明显）；同时，这一款贝果的表皮最酥脆，如果你将其冷冻保存后再取出复烤，表皮酥脆的效果会更明显。

Q 弹口感贝果： 软硬度介于"扎实"与"松软"中间。在本书中，它的做法最简单，采用直接法发酵，总体消耗的时间最短。

松软口感贝果： 面包内部松软，比较接近一般的面包，表皮仍然酥脆、带有韧性，即使是牙口不好的老人家也容易吃。本书是通过在面团中加入少量黄油（可选）和使用液种酵头来产生蓬松的效果。

每种口感的原味贝果的制作过程是大同小异的。下面以 Q 弹口感的为例，介绍贝果的制作过程：

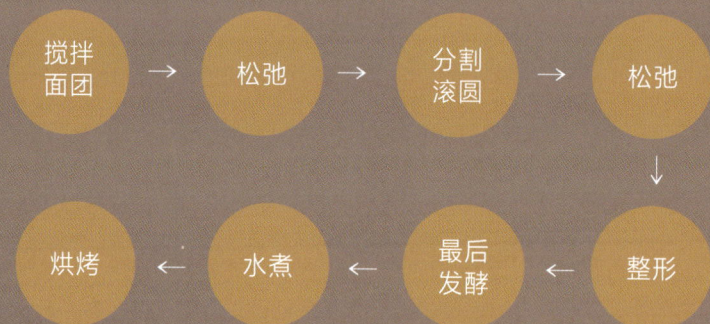

搅拌面团 → 松弛 → 分割滚圆 → 松弛 ↓

烘烤 ← 水煮 ← 最后发酵 ← 整形

若要制作扎实口感贝果，我们将第 2 个框内的"松弛"改为"冷藏发酵"；若要制作松软口感贝果，我们在全部过程前，还要"准备酵头"。

扎实

Q 弹

松软

贝果"最后发酵"的用时比较短，所以它比较适合初学面包的小伙伴从此入门。

以上列出的制作过程和其他面包的制作过程是差不多的，只有"水煮"这个环节是贝果所特有的。

专题：为什么贝果在烘烤前要用水烫煮？

1. 水煮会形成细腻光滑的表皮。

面团中的淀粉分子在高温富水环境中会发生"糊化"——淀粉分子破裂，与外部的水分子发生结合，形成黏性胶质（日常生活中，煮粥、勾芡时淀粉就发生了"糊化"）。这是一种不可逆的变化（不会在温度降低后还原）。面团在热水中烫煮时，表皮区域的淀粉分子就会"糊化"，此时它们可以从外部热水中获取水分子；送入烤箱后，面团会在整体上发生"糊化"，而此时水分子的来源只能是面团内部，即面团内游离的水以及小麦蛋白质分子上连结的水。在烤箱中，面包表皮会被烘干，而贝果面团表皮在水煮时多吸收了一些水，就不会像其他面包（如欧包）那样呈现干裂状态，而是细腻、有光泽状。

2. 水煮让面包表皮有韧劲，内部更紧实。

这是一个综合性的变化，原因也是多方面的。一般面包在烘烤前期会经历快速的烤箱内膨胀，因为酵母活性增强，产气增加，面团有弹性的表皮被快速撑开。但贝果面团的情况则有所不同。

首先，贝果面团的水煮过程让表皮吸收了更多水分，从而发生更多糊化反应，就会形成更坚韧的质地（水煮时间越长，糊化层越厚，贝果表皮越坚韧）；与此同时，这种表皮在从水里捞出经冷却后，以及在烤箱中经烘烤变干后，也会更快地发生定型，从而一定程度上限制面团的膨胀，于是贝果内部就变得更紧致（此外，贝果面团含水量比较低，以及发酵时间比较短也是其内部组织紧致的原因）。

再者，水煮时面团表皮经过90℃以上热水烫煮，表皮区域的酵母失去活性，在烘烤前期就不能产气、撑开面团，于是这些区域的面团质地就更紧密，也就形成了更厚的表皮。

同时，经过热水烫煮，表皮区域的小麦蛋白凝固失去弹性，这也导致表皮的固化，带来限制面团膨胀的效果。

上面提到了3种口感的贝果，它们在本书中的制作环节有所不同，有的简单一点。但你不要认为环节最简单者口感档次就最低，实际上，不同的做法对应不同的需求，最简单的做法也值得去研究实践，并可能产生很美味的效果。比如我国台湾著名的面包师、世界杯赛冠军吴宝春在他的书《吴宝春的面包秘笈》中介绍，他发现美味贝果的秘密是："当天搅拌、当天整形、当天烤焙……唯如此做出来的贝果，才能保有外脆内软的口感，又不致太Q而难以咀嚼。"

大家掌握了本章中原味贝果的做法，就可以翻到第4章，轻松通过添加各种辅料来制作多种口味和外观的款项了。

本书配方的材料重量按4～5个贝果的产品量来写，读者可以根据需要自由增加。材料量增加时，打面的时间也需要适当延长。

出炉的贝果晾凉之后，将每一个单独包装好，送入冰箱冷冻室保存，可存放1个月以上。从冰箱取出时复热的具体方式等，将在第6章详细介绍。

扎实口感贝果

扎实口感贝果的配方采用了尽量少的水和尽量少的酵母，让面团在冰箱冷藏室的低温环境中慢慢发酵。长时间的慢发酵可以最大程度释放面包本身的麦香味，并有助于减缓成品的老化速度（注：老化指的是面包烘烤完出炉后开始的水分流失的过程）。

这款配方对初学者也很"友好"：因为面团进行长时间的醒发，我们有足够的时间去观察贝果的状态，不必太担心面团发过头；同时，面团待在冰箱的时间里会发生充分的水合，所以即使制作者依靠手揉，也不必费力揉面就可以拥有光滑的面团，最后形成好吃且颜值在线的贝果。

配方

可做成品：4 个，每个面团 100 克
食物热量：每个贝果约 237 千卡（995 千焦）

材料	重量 / 克	烘焙比
高筋面粉	260	100%
盐	3	1.15%
糖	8	3.08%
低糖干酵母	0.5	0.19%
水	128.5	49.4%
合计	400	153.72%

最后发酵：温度 28℃ / 湿度 75%，时长 1 小时 20 分钟

烘烤：上火 200℃ / 下火 180℃，置于中层，时长 18 ~ 20 分钟

做法

搅拌面团 ------------------

将材料全部倒入机器低速搅拌 6~7 分钟，至无干粉状态即可。这个时候的面团可能很粗糙，但没有关系，因为后面将进行长时间发酵！

面团搅拌（揉）好的状态。含水量低的贝果面团很难用手揉得光滑，像图片一样表面坑坑洼洼的也没关系，只要面团材料揉均匀了就可以。

冷藏发酵 ------------------

取出全部面团滚圆，放入大小适合的碗里，盖上保鲜膜，放至冰箱冷藏发酵 6 个小时以上（不超过 18 小时）。

分割滚圆 ------------------

1. 取出冷藏之后的贝果面团，再稍微揉一下，表面就变得均匀了。

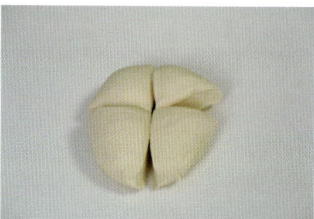

2. 将面团在室温下放置 15 分钟以回温，而后平均分割成 4 份。

3. 将每份小面团滚圆（详见专题）。

演示视频
滚圆的手法

专题：滚圆的手法

①面团光滑面朝上。

②将面团其他部分全部收进底部。

③用手指将底部稍微捏紧。

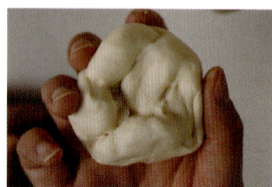

像这样的底部收口也可以，不必很完美。

④放置面团时光滑面朝上，收口朝下。

松弛

将面团按照先后顺序放置，盖上拧干水的湿布（或保鲜膜），在室温下松弛15分钟。

整形

1. 排气：取一个松弛好的面团，光滑面朝下，用手轻拍扁。

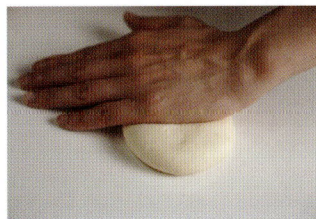

2. 擀开：擀面杖放面团中间，向上、向下擀开面团。

> 面团不需要擀到底，端头留一点。

3. 面团转90度，继续向上、向下擀开。

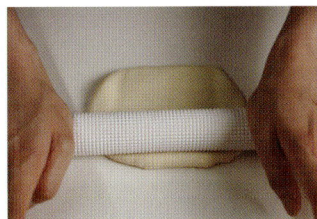

4. 将擀开的面团用手整理成规整的方形，将靠近自己一侧的边用手或擀面杖压薄。

5. 将面团从上往下卷成长条。最后捏紧收口。

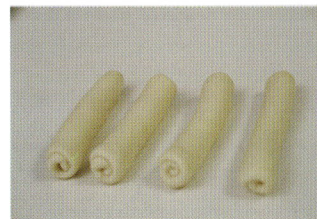

6. 按照先后顺序，将卷好的面团收口朝下摆放于操作台，盖上拧干水的湿布，松弛5分钟。

7. 取一个松弛好的面团，搓长至约23cm。

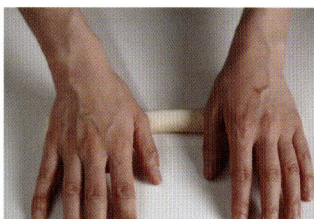

8. 用手将面团的一端轻摁一下，用擀面杖擀成扇形。

> 旋转面团的做法可以有效增加贝果的扎实口感。如果不想要太扎实，面团搓长后不旋转，直接卷成圈即可。

9. 用一只手压住面团擀开的一端，另一只手将面团另一端搓旋 2 周。

10. 提起另一端的面团，包入扇形区域，将收口处捏紧，整形完成。

⌄

最后发酵

将整形好的贝果面团静置发酵，环境温度 28℃、湿度 75%（用醒发箱或在室内温暖处），时长 1 小时 20 分钟。

专题：

如何确认发酵状态？

方法一　指压

发酵好的面团，用手指轻压表面后，指印会缓慢地回弹，而不是即刻回弹。

测试前，手指头一定要沾水湿润，否则，干的手指接触面团后会粘住，拔开后就破坏了这个地方的表面，被破坏的表面没有机会恢复，烘烤后就显得不光滑。

方法二　水浮

这个方法比较适合初学者。准备一碗清水，将发酵好的面团扔到碗里，如果 1/2 能浮出水面，就说明面团已经发酵得刚刚好，可以送去水煮了。

水煮

1. 发酵快完成时，准备煮贝果的糖水：锅中放水 1 升加热，投入白砂糖 30 克。（同时开始预热烤箱。）

> 糖水配方以每 1 千克水加入 30 ~ 50 克白砂糖为宜。糖加入过多的话，烤出的贝果表面会发黏。

2. 水开后转中小火，放入面团烫煮：先将面团正面（展示面）朝下、底面朝上，煮30秒，翻面，再煮30秒。

> 水开后，保持锅底冒泡的状态即可，如果测量水温的话，大概是90℃。

> 煮的时间越长，贝果表皮越厚，吃起来更有嚼劲。

✖ 错误提示：上图的锅同时煮4个贝果太拥挤，翻面和捞出时容易磕碰其他面团。所以请尽量用比较大的锅煮贝果。

3. 捞出贝果面团，放到烤盘上（正面朝上）。

烘烤 --------------------------

1. 烤箱上火200℃／下火180℃，面团送入置于中层。烘烤共18～20分钟。

2. 在中途，面团稍微上色时，打开烤箱，取出烤盘前后调转，再继续烘烤面团，至呈现满意的色泽即可出炉。

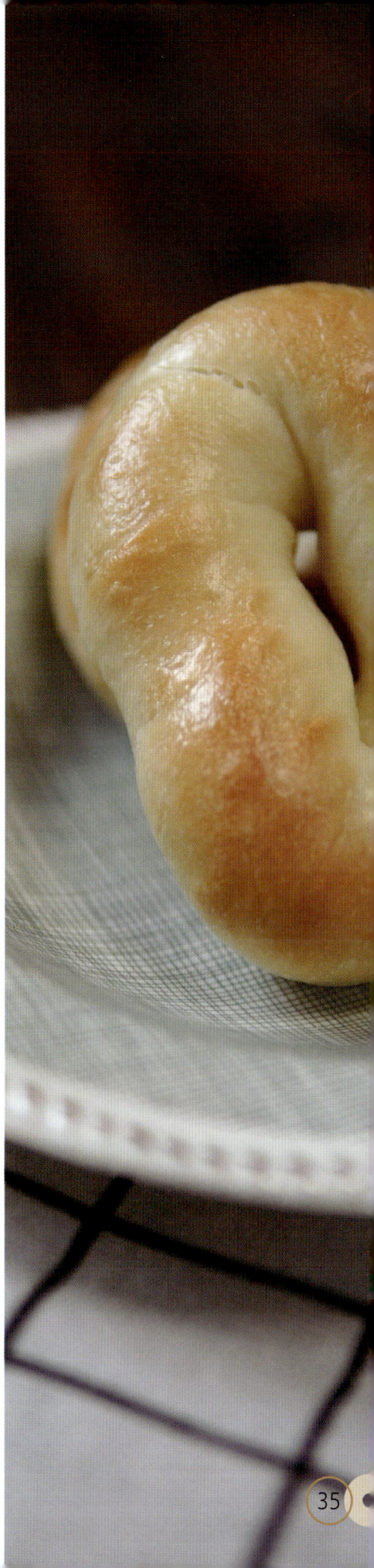

Q 弹口感贝果

这款贝果的做法与上一款的大体相同，但用时较短，在当天即可搅拌、烘烤完成。口感适中，外脆内软，在当天享用可能会有惊艳的口感。

面团的含水量调节为常见的 55% 烘焙比，这样的面团即使手工揉和也可以较轻松地揉好。

发酵以 28℃左右较低的温度进行（可利用烤箱醒发功能或室温），这样有利于贝果在烤好后延长保鲜时间，不太快老化（流失水分）；如果以 35℃以上的较高温进行，面团虽然会很快发酵完成，但是烤好的贝果会很快变干变硬，口感变差。

配方

可做成品： 5 个，每个面团 95 克
食物热量： 每个贝果约 230 千卡（966 千焦）

材料	重量 / 克	烘焙比
高筋面粉	300	100%
盐	4	1.3%
糖	5	1.67%
低糖干酵母	2	0.67%
水	165	55%
合计	476	158.64%

最后发酵： 温度 28℃ / 湿度 75%，时间 35 分钟
烘烤： 上火 200℃ / 下火 180℃，置于中层，时间 18 ~ 20 分钟

做法

搅拌面团 - - - - - - - - - - - - - - -

将全部材料倒入机器低速搅拌 5 ~ 6 分钟，至面团可拉出粗膜，破裂边缘为锯齿状。

松弛 - - - - - - - - - - - - - - - - -

取出全部面团滚圆，放入大小适合的碗里，盖上保鲜膜，室温松弛 15 分钟。

分割滚圆 - - - - - - - - - - - - - -

将松弛好的大面团平均分割成 5 份，而后将每份面团滚圆（方法详见 P.32 专题说明）。

松弛 - - - - - - - - - - - - - - - - -

将面团光滑面朝上、收口朝下放置，按先后顺序摆放，盖上拧干水的湿布，室温松弛 15 分钟。

整形 - - - - - - - - - - - - - - - - -

1. 排气：取一个松弛好的面团，光滑面朝下，用手轻拍扁。

2. 擀开：擀面杖放面团中间，向上、向下擀开面团。

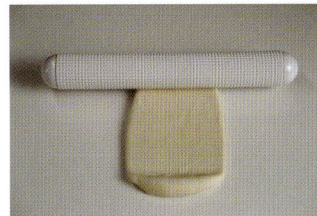

> 面团不需要擀到底，端头留一点。

3. 面团转 90 度，继续向上、向下擀开。

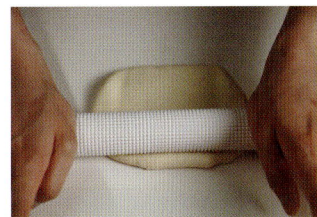

4.将擀开的面团用手整理成规整的方形，将靠近自己一侧的边用手或擀面杖压薄。

5.将面团从上往下卷成长条。最后捏紧收口。

6.按照先后顺序，将卷好的面团收口朝下摆放于操作台，盖上拧干水的湿布，松弛5分钟。

7.取一个松弛好的面团，搓长至约23cm。

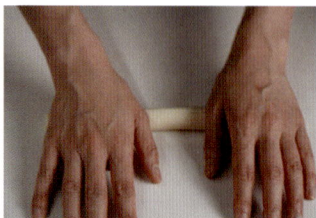

8.用手将面团的一端轻摁一下，用擀面杖擀成扇形。

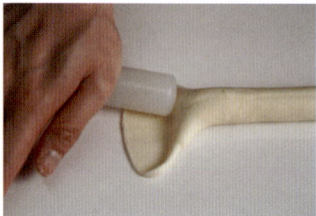

9.用一只手压住面团擀开的一端，另一只手将面团另一端搓旋半周。

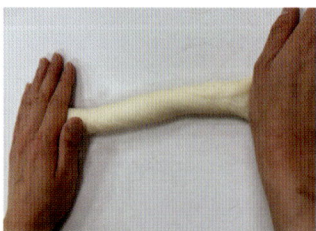

10.提起另一端的面团，包入扇形区域，将收口处捏紧，整形完成。

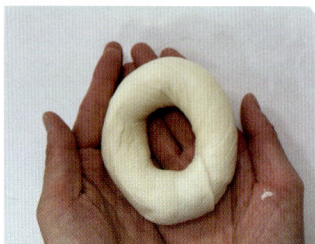

最后发酵 - - - - - - - - - - - - - - - - - -

　将整形好的贝果面团静置发酵，环境温度28℃、湿度75%（用醒发箱或放在室内温暖处），时长35分钟。（可以用沾过水的湿指头测试发酵状态，方法详见P.34专题。）

水煮 --------------------------

1. 发酵快完成时，准备煮贝果的糖水: 锅中放水 1 升加热，投入白砂糖 30 克。（同时可预热烤箱。）

> 糖水配方以每 1 千克水加入 30 ~ 50 克白砂糖为宜。糖加入过多的话，烤出的贝果表面会发黏。

2. 水开后转小火，放入面团烫煮: 先将面团正面(展示面)朝下、底面朝上，煮 30 秒，翻面，再煮 30 秒。（煮的时间越长，贝果表皮越厚，吃起来更有嚼劲。）

> 水开后，保持锅底冒泡的状态即可，如果测量水温的话，大概是 90℃。

3. 捞出贝果面团，放到烤盘上（正面朝上）。

烘烤 --------------------------

1. 烤箱上火 200℃ / 下火 180℃（无法调节上下火的烤箱可设为 200℃），面团送入置于中层。烘烤共 18 ~ 20 分钟。

2. 在中途，面团稍微上色时，打开烤箱，取出烤盘前后调转，再继续烘烤面团，至呈现满意的色泽即可出炉。

松软口感贝果

这款贝果的配方通过加入少量黄油、使用液种酵头来实现松软的效果，这些措施也大大延缓了面包的老化速度。

油脂加入后可以增加面团的延展性，从而让面包体积更大；同时，油脂还带来香气。但读者也可以不加油脂，如果想要更单纯的口感、更低热量，以及不那么松软的口感，就不必添加——这样的配方是我在店里最常用的，去掉黄油之后贝果的口感和Q弹款贝果接近，而且经过长途运输后到第三天仍然能够保持湿度，而Q弹款贝果到第二天会更干、硬一些。

"液种"就是人们常说的"波兰种"的另一个叫法，波兰种因为含水量太大，搅拌后无法成团，所以也叫"液种"。液种酵头提前制作，这一部分的面团放冰箱里经过一整晚的静置，面粉里的淀粉可以吸收更多的水分，同时，蛋白会形成更多的面筋，从而让面团更加熟成。这些因素帮助面团拥有更高的含水量，并减缓成品面包的水分流失。

松软贝果的配方如下。其中，水量看起来只有42.5%烘焙比，似乎比较低，但波兰种酵头是用面粉和水1∶1制作的，把这部分的水和面粉加入总水量和总面粉量来重新计算的话，水量烘焙比≈（37.5÷2+42.5）/（37.5÷2+100）≈51.5%。重新计算后的水量比例已经高于扎实款贝果，但仍低于Q弹款贝果的55%，但松软款贝果比Q弹款贝果口感更湿润、成品保湿力更强，这就可见波兰种对提高产品含水量的帮助。

贝果配方

可做成品：4个，每个面团95克
食物热量：每个贝果约248千卡（1042千焦）

材料	重量 / 克	烘焙比
波兰种	75	37.5%
高筋面粉	200	100%
盐	4	2%
糖	10	5%
低糖干酵母	1.5	0.75%
水	85	42.5%
黄油 *	8	4%
合计	383.5	192.75%

> * 黄油也可以不使用，依个人喜好。如未使用黄油，则建议将水量增加约 2% 烘焙比。

最后发酵：温度 28℃ / 湿度 75%，时长 40 分钟

烘烤：上火 200℃ / 下火 180℃，置于中层，时长 18 ~ 20 分钟

专题：制作波兰种酵头

松软贝果使用到波兰种酵头，所以制作过程在前面要多一个起"波兰种"的步骤。但不用担心，波兰种的制作非常简单。

在松软贝果的配方里需要 75 克波兰种，那么我们就称量 50 克面粉、50 克水、0.5 克酵母来制作 100 克波兰种。搅拌混合均匀，室温发酵至原来的 3 倍大，盖好移至冰箱冷藏过夜，就可以了。

> **为什么需要 75 克的波兰种，却制作 100 克?**
>
> 1. 因为称量 0.375 克的酵母不方便 (75 克波兰种的配方是 37.5 克面粉 +37.5 克水 +0.375 克酵母)，所以就直接制作 100 克波兰种。
>
> 2. 预计从容器里取出波兰种的时候会有一部分粘在容器里损耗掉，所以多制作一些。

材料和工具

波兰种的配方是面粉∶水∶酵母 =100∶100∶1，所以我们准备 50 克面粉、50 克水、0.5 克酵母。

工具方面，需要一个消毒干净的容器用来装酵种。

> 图中带刻度的容器就是将来盛放酵种的地方，也可以换成大碗。

做法

1. 把 50 克水、0.5 克酵母在酵种容器内混合均匀。

2. 继续倒入 50 克面粉，搅拌均匀。

3. 静置材料于室温下或醒发箱内（25℃以上），待其发酵至原来的 3 倍大。（发酵耗时和温度、面粉量有关，如果放在 38℃醒发箱内需要 75 分钟左右，如果放在室温下可能需要 95 分钟左右，而且面粉量更大时，时间显著增长。）

图片里的容器起步刻度为 100 毫升（克），为了方便大家观看，图中准备了原配方的 2 倍量，绿色皮筋绑在开始发酵的"200"位置，面团最后发到"600"位置。

4. 将起好的"波兰种"盖好盖子（如使用碗，则覆盖保鲜膜），放到冰箱冷藏一晚再使用。

起好的波兰种，底部有比较均匀的气孔。

从上面看，有较大的气孔，认真观察，可以看到波兰种通过气孔一开一合地"呼吸"。

贝果做法

搅拌面团

1. 将贝果配方里除了盐之外的所有材料（黄油需要提前室温软化）投入缸中，低速搅拌5分钟，至无干粉状态。

> 打至这样粗糙、没有干粉的状态即可。

2. 加入盐，继续低速搅打。

3. 搅打大约4分钟，至表面光滑的八成筋状态（拉开面团成面膜，戳破后会有光滑的边缘）。

松弛

取出全部面团滚圆，放入大小适合的碗里，盖上保鲜膜，室温松弛15分钟。

分割滚圆

将松弛好的大面团平均分割成4份，而后将每份面团滚圆（方法详见P.32专题说明）。

松弛

将面团光滑面朝上、收口朝下放置，按先后顺序摆放，盖上拧干水的湿布，室温松弛15分钟。

整形

1. 排气：取一个松弛好的面团，光滑面朝下，用手轻拍扁。

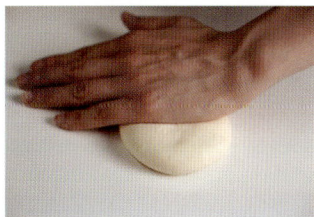

2. 擀开：擀面杖放面团中间，向上、向下擀开面团。

5. 将面团从上往下卷成长条。最后捏紧收口。

7. 取一个松弛好的面团，搓长至约23cm。

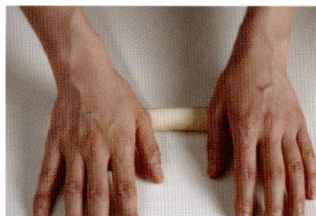

8. 用手将面团的一端轻摁一下，用擀面杖擀成扇形。

面团不需要擀到底，端头留一点。

3. 面团转90度，继续向上、向下擀开。

6. 按照先后顺序，将卷好的面团收口朝下摆放于操作台，盖上拧干水的湿布，松弛5分钟。

9. 提起另一端的面团，包入扇形区域，将收口处捏紧，整形完成。

4. 将擀开的面团用手整理成规整的方形，将靠近自己一侧的边用手或擀面杖压薄。

最后发酵

将整形好的贝果面团静置发酵，环境温度 28℃、湿度 75%（用醒发箱或放在室内），时长 35 分钟。（可以用湿指头测试发酵状态，方法详见 P.34。）

水煮

1. 发酵快完成时，准备煮贝果的糖水：锅中放水 1 升加热，投入白砂糖 30 克。（同时可预热烤箱。）

糖水配方以每 1 千克水加入 30 ~ 50 克白砂糖为宜。糖加入过多的话，烤出的贝果表面会发黏。

2. 水开后转小火，放入面团烫煮：先将面团正面（展示面）朝下、底面朝上，煮 30 秒，翻面，再煮 30 秒。（煮的时间越长，贝果表皮越厚，吃起来更有嚼劲。）

水开后，保持锅底冒泡的状态即可，如果测量水温的话，大概是 90℃。

3. 捞出贝果面团，放到烤盘上（正面朝上）。

烘烤

1. 烤箱上火 200℃/下火 180℃（无法调节上下火的烤箱可设为 200℃），面团送入置于中层。烘烤共 18 ~ 20 分钟。

2. 在中途，面团稍微上色时，打开烤箱，取出烤盘前后调转，再继续烘烤面团，至呈现满意的色泽即可出炉。

Part 4

在原味贝果的基础上，我们增添一些副材料，就可以做出有更丰富口味、外观的贝果。

这些丰富口味贝果的做法相对于原味贝果，只是要更多地加入副材料——或在面团材料搅拌时混入，或以集中馅料的形式包入，或在面团表面黏附。所以本章内各款介绍做法时，我也只介绍相对于原味贝果做法的不同，大家与第3章对照着看，将很容易理解。

本章内，每一款口味的贝果都给大家准备了3种基础口感配方，即扎实、Q弹和松软口感。大家根据自己喜好选择口感，制作时结合第3章内相应的原味贝果做法，再增加相应的副材料即可。

值得说明的是：本书扎实口感的面团里如果加入能吸水的坚果、果干类副材料，应在面团冷藏发酵完成后加入。

本章内的配方分量也是从第3章继承而来的，所以扎实、Q弹、松软贝果的配方量分别建议做成4个、5个、4个贝果。但大家也可根据自身喜好改变贝果的大小。

不同口味的贝果做法

核桃贝果

核桃碎融入面团中，在烤箱内烘烤的时候满屋子飘来坚果香气，让人恨不得立马从烤箱拿一个贝果出来品尝一下。

配方

重量 / 克

面团材料	扎实口感 （可做 4 个）	Q 弹口感 （可做 5 个）	松软口感 （可做 4 个）
高筋面粉	260	300	200
水	130	165	85
盐	3	4	4
低糖干酵母	0.6	2.2	1.6
糖	8	5	10
波兰种	0	0	88
核桃碎	20	24	16
黄油	0	0	8
合计	421.6	500.2	412.6

装饰

在面团**整形**完成后（进行**最后发酵**前）进行装饰。

在表面放置半个核桃，用手轻压，陷进面团里。

大颗粒装饰物在最后发酵前按入面团，可在面团发酵后得到面团更多的包裹。此后进行水煮时，装饰物一般不会掉；即使脱落，再补按入也可以。

特别材料准备

将核桃仁切细，颗粒大小如图，这样便于后面搅拌融入面团。

做法

基本过程参照第 3 章中对应口感的原味贝果做法。

有改变或增加的部分过程如下。

在面团中混入核桃碎

核桃碎在尽量晚的时刻加入面团，以减少其对面团水分的吸收，避免影响发酵进程；这样也可以尽量保持材料的酥脆感。

Q 弹口感、松软口感贝果在原**搅拌面团**阶段完成后向面团加入核桃碎，再低速混合均匀即可。

扎实口感贝果则等到**搅拌面团—冷藏发酵**阶段完成后向面团加入核桃碎，再低速混合均匀即可。

黑芝麻贝果

　　炒熟的黑芝麻遍布在面团里,并粘满表面。烘烤后,黑芝麻油脂产生浓郁的香味,与麦香味相得益彰。

配方

重量 / 克

面团材料	扎实口感 （可做4个）	Q弹口感 （可做5个）	松软口感 （可做4个）
高筋面粉	260	300	200
水	130	165	85
盐	3	4	4
低糖干酵母	0.6	2.2	1.6
糖	8	5	10
波兰种	0	0	88
熟黑芝麻	13	15	10
黄油	0	0	8
合计	414.6	491.2	406.6

装饰

在成形面团**水煮**完成后，可以撒适量的黑芝麻在成形面团表面进行装饰。（而后接下一个阶段**烘烤**。）

> 细小的装饰物适合在水煮过后黏附到成形面团表面，否则会在水中漂浮脱落。水煮后面团表面黏着的糖水也有助于更好地固定住细小的表面装饰物。

做法

基本过程参照第三章中对应口感的原味贝果做法。

有改变或增加的部分过程如下。

在面团中混入熟黑芝麻颗粒

> 熟黑芝麻颗粒在尽量晚的时刻加入面团，以减少其对面团水分的吸收，避免影响发酵进程。

Q弹口感、松软口感贝果在原**搅拌面团**阶段完成后向面团加入熟黑芝麻颗粒，再低速混合均匀即可。

扎实口感贝果则等到**搅拌面团—冷藏发酵**阶段完成后向面团加入熟黑芝麻颗粒，再低速混合均匀即可。

> 选择熟黑芝麻，制作出来香气更浓郁。

黑芝麻奶酥贝果

　　在前一款"黑芝麻贝果"基础上再包入黑芝麻奶酥馅，就是这款贝果。在馅料中，熟黑芝麻粒打碎成粉使用，香味进一步释放，与牛奶香味完美结合。一口咬下，让人难忘。

配方

面团材料

面团即前面的**黑芝麻贝果**的面团。

内馅材料	用量
黑芝麻奶酥馅	约 20 克 / 个面包

> 内馅量以面团重量的 1/5 ~ 1/4 为宜。不宜过多，过多则烘烤时容易漏出、导致开裂。

特别材料准备

制作内馅材料（配方分量仅作示例，具体用量请根据面团重量计算）。

· 黑芝麻奶酥馅

材料	重量 / 克
熟黑芝麻	50
糯米粉	25
奶粉	5
糖粉	15
盐	1
黄油	35
合计	131

做法

①黄油从冰箱取出回温至软化或液体状。
②将买来的熟黑芝麻用料理机打成粉。
③依次向黑芝麻粉中加入糯米粉、奶粉、糖粉、盐，搅拌均匀。
④最后加入融化的黄油。

⑤继续搅拌均匀，即成。

做法

在无馅的黑芝麻贝果基础上，增加如下包入馅料的操作即可。

整形（包入馅料）----

在**整形**阶段内，将原第5步"将面团从上往下卷成长条"变更成此操作，操作方法详见专题。操作完毕继续原第6步。

专题：包入馅料的方法

方法一 平铺

①将馅料平铺在擀开的面团上。

注意：不要将馅料铺满整个面团，否则卷起的时候馅料容易漏出，为此应在面团周边留有空间，可在面团前边及左右两侧保留约1厘米，后边保留约3厘米（操作熟练之后，后边留出1厘米即可）。

②将面团的前边提起，再向内轻压。

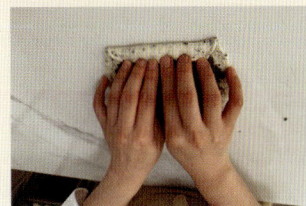

③将前面两端的面团往内压。

④从上往下卷起面团，成长条形，最后捏紧收口。

制成的贝果，切开后内部呈现螺旋状纹路。

方法二 集中放置

这种方法比较简单，也很通用。

①将馅料搓成长条，放到擀开面团的靠前位置（也可以将馅料通过裱花袋挤出，即，先将馅料装入裱花袋，将裱花袋剪出适当大小的口，挤出馅料）；与方法一一样，要防止卷起时馅料溢出，所以在面团前边及左右两侧各留出约1厘米距离。

②将面团前边往内收。

③前边两端往内压紧。

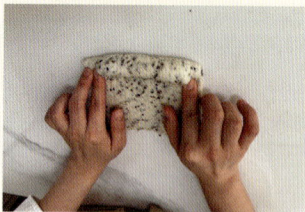

④从上往下卷起面团，成长条形，最后捏紧收口。

制成的贝果的内部状态。

奶酪芝士贝果

奶酪内馅微酸纯粹的奶味，入口丝滑，搭配表面装饰的干酪碎的咸香，咬下一口，味觉仿佛翻越了几座山。

配方

重量 / 克

面团材料	扎实口感 （可做 4 个）	Q 弹口感 （可做 5 个）	松软口感 （可做 4 个）
高筋面粉	260	300	200
水	130	165	90
盐	3	4	4
低糖干酵母	0.6	2.2	1.6
糖	8	5	10
波兰种	0	0	88
黄油	0	0	8
合计	416.6	476.2	413.6

内馅材料	用量
奶油奶酪	约 20 克 / 个面包

> 内馅量以面团重量的 1/5 ~ 1/4 为宜，过多则烘烤时容易漏出。

③ 前边两端往内压紧。

装饰材料	用量
卡夫芝士碎	适量

④ 从上往下卷起面团，成长条形，最后捏紧收口。

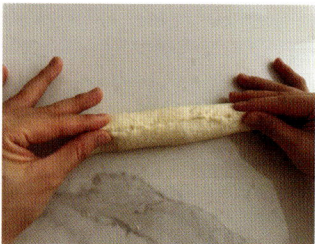

做法

基本过程参照第三章中对应口感的原味贝果做法。

有改变或增加的部分过程如下。

整形（包入馅料）------

在**整形**阶段内，将原第 5 步"将面团从上往下卷成长条"变更成此操作（操作完毕继续原第 6 步）。采用"集中放置法"操作，具体如下。

① 将馅料装入裱花袋（奶油奶酪不能用手搓制，因为会被手温融化），将裱花袋尖端剪出适当大小的口，将馅料挤入擀开面团的前端位置，并与面团前边及左右两侧保持约 1 厘米距离，以防卷起面团时馅料溢出。

装饰 - - - - - - - - - - - - - - - -

在成形面团**水煮**完成后进行装饰。

将面团倒扣在装芝士碎的盆内，让表面沾上芝士碎，而后取出面团，正面朝上摆入烤盘。

（而后接下一个阶段**烘烤**。）

💡

特别提示

1.这一款贝果表面装饰过芝士碎，相较于其他贝果在烘烤中更容易上色，所以烘烤时长可缩短一两分钟（请依据自己烤箱情况调节）。

2.在烘烤的最后三四分钟，注意观察面包上色情况，避免烤焦。

白芝麻贝果

　　有别于黑芝麻浓郁的香气，白芝麻贝果就像
一个江南的女子，"温婉"地飘来它专属的气味。
似有若无，细品，你便能感受到它细腻的口感，
夹带着微微的坚果香甜气味。

配方

面团材料	扎实口感 (可做4个)	Q弹口感 (可做5个)	松软口感 (可做4个)
高筋面粉	260	300	200
水	130	165	85
盐	3	4	4
低糖干酵母	0.6	2.2	1.6
糖	8	5	10
波兰种	0	0	88
熟白芝麻	13	15	10
黄油	0	0	8
合计	414.6	491.2	406.6

黑芝麻和白芝麻的区别

它们的植物品种不同。

白芝麻油脂含量更低，所以咀嚼时油腻感更少，口感更细腻。在贝果要做成三明治时，与其他食材更容易搭配。

黑芝麻油脂含量较高，口感更浓郁，如果将其磨成粉，则油脂香味更加突出。较高含油量也让贝果咀嚼时有更明显的粗糙感。

做法

基本过程参照第三章中对应口感的原味贝果做法。

有改变或增加的部分过程如下。

在面团中加入熟白芝麻颗粒

熟白芝麻颗粒在尽量晚的时刻加入面团，以减少其对面团水分的吸收，避免影响发酵进程。

Q弹口感、松软口感贝果在原**搅拌面团**阶段完成后向面团加入熟白芝麻颗粒，再低速混合均匀即可。

扎实口感贝果则等到**搅拌面团—冷藏发酵**阶段完成后向面团加入熟白芝麻颗粒，再低速混合均匀即可。

奇亚籽贝果

奇亚籽是近几年被人们推崇的"超级种子"，含有丰富的 ω-3 脂肪酸和钙质等。第一次吃这款贝果的时候，也许你会不太习惯奇亚籽的木质香气，但相信我，不管是空气炸锅复烤还是搭配奶酪，都会让你在一次又一次的尝试中，爱上这个奇特种子的贝果。

配方

面团材料	扎实口感 （可做4个）	Q弹口感 （可做5个）	松软口感 （可做4个）
高筋面粉	260	300	200
水	130	165	85
盐	3	4	4
低糖干酵母	0.6	2.2	1.6
糖	8	5	10
波兰种	0	0	88
奇亚籽	13	15	10
黄油	0	0	8
合计	414.6	491.2	408.6

做法

基本过程参照第三章中对应口感的原味贝果做法。

有改变或增加的部分过程如下。

在面团中混入奇亚籽种子 --------------------

> 奇亚籽种子在尽量晚的时刻加入面团，以减少其对面团水分的吸收，避免影响发酵进程。

Q弹口感、松软口感贝果在原**搅拌面团**阶段完成后向面团加入奇亚籽种子，再低速混合均匀即可。

扎实口感贝果则等到**搅拌面团—冷藏发酵**阶段完成后向面团加入奇亚籽种子，再低速混合均匀即可。

装饰 --------------------

在成形面团**水煮**完成后进行装饰。

将面团倒扣在装有奇亚籽的容器内，让表面粘满奇亚籽。而后取出面团，正面朝上摆入烤盘即可。

（而后接下一个阶段**烘烤**。）

红枣贝果

夹杂在贝果中的红枣颗粒带来浓郁香气和微微甜味。女性顾客尤其喜爱。

配方

面团材料	扎实口感 （可做 4 个）	Q 弹口感 （可做 5 个）	松软口感 （可做 4 个）
高筋面粉	260	300	200
水	130	165	85
盐	3	4	4
低糖干酵母	0.6	2.2	1.6
糖	8	5	10
波兰种	0	0	88
红枣碎 *	13	15	10
黄油	0	0	8
合计	414.6	491.2	406.6

* 红枣碎建议买直径 3~6 毫米的，颗粒感适中，吃起来能明显感觉到饱满的香气。

做法

基本过程参照第三章中对应口感的原味贝果做法。

有改变或增加的部分过程如下。

在面团中混入红枣碎

红枣碎在尽量晚的时刻加入面团，以减少其对面团水分的吸收，避免影响发酵进程。

Q 弹口感、松软口感贝果在原**搅拌面团**阶段完成后向面团加入红枣碎，再低速混合均匀即可。

扎实口感贝果则等到**搅拌面团—冷藏发酵**阶段完成后向面团加入红枣碎，再低速混合均匀即可。

全家福贝果

在原味贝果的表面装饰多种混合的谷物即成，不仅在视觉上显得丰富，吃起来也是香气逼人——黑芝麻的浓郁，白芝麻的清香，南瓜籽的嫩绿……宛如坚果派对。

配方

重量 / 克

面团材料	扎实口感 （可做4个）	Q 弹口感 （可做5个）	松软口感 （可做4个）
高筋面粉	260	300	200
水	130	165	85
盐	3	4	4
低糖干酵母	0.6	2.2	1.6
糖	8	5	10
波兰种	0	0	88
黄油	0	0	8
合计	401.6	476.2	396.6

装饰材料	用量
综合谷物	适量

特别材料准备

　　准备装饰材料综合谷物。这里采用白芝麻、黑芝麻、南瓜籽等量混合而成。也可以替换成其他自己喜欢的谷物。

做法

　　基本过程参照第三章中对应口感的原味贝果做法。
　　增加的部分过程如下。

装饰 ------------------------

　　在成形面团**水煮**完成后进行装饰。
　　将曲团正面朝下倒扣在综合谷物盆里，让表面粘满谷物，而后取出面团，正面朝上摆入烤盘。

　　（而后接下一个阶段**烘烤**。）

每日坚果贝果

　　"每日坚果"包含了坚果籽粒的香气和
葡萄干的甜味，咀嚼感与贝果正好搭配。不
管是大人、小孩，都"爱不释口"。

配方

面团材料	扎实口感 （可做 4 个）	Q 弹口感 （可做 5 个）	松软口感 （可做 4 个）
高筋面粉	260	300	200
水	130	165	85
盐	3	3	4
低糖干酵母	0.6	2.2	1.6
糖	8	5	10
波兰种	0	0	88
每日坚果	15	20	13
黄油	0	0	8
合计	416.6	495.2	409.6

特别提示

1. 因为加入的坚果和葡萄干比较多，面团面筋会比较紧，如果面团在整形阶段进行各种延展操作（擀开、搓长）的时候回缩比较严重，则可适当延长前面面团松弛的时间。

2. 擀开面团的时候不用太大的力气，避免擀破面皮，影响最后成品相。

特别材料准备

1. 从市场购买"每日坚果"产品，或自己选择品种搭配。自己搭配时，可选择各种坚果和葡萄干，坚果品种有核桃、开心果、杏仁、榛子等，葡萄干也有不同口味可选。葡萄干须用水清洗掉附着在表面的杂质，然后用厨房纸吸干水分备用。搭配比例按葡萄干 : 坚果 =1 : 2。

2. 将坚果切碎。葡萄干如果不是特大颗，可以保留一整颗的状态，直接用到面团里。

做法

基本过程参照第三章中对应口感的原味贝果做法。

有改变或增加的部分过程如下。

在面团中混入每日坚果

每日坚果在尽量晚的时刻加入面团，以减少其对面团水分的吸收，避免影响发酵进程；这样也可以尽量保持材料的酥脆感。

Q 弹口感、**松软口感**贝果在原**搅拌面团**阶段完成后向面团加入每日坚果，再低速混合均匀即可。

扎实口感贝果则等到**搅拌面团—冷藏发酵**阶段完成后向面团加入每日坚果，再低速混合均匀即可。

菠菜芝士贝果

　　面团中加入新鲜榨取的菠菜汁，健康满分。烤出来的贝果有浅浅的菠菜味道，家里不爱吃菠菜的小朋友也可以接受。表面搭配上黄色的切达芝士，颜值也满分！

配方

面团材料	扎实口感 （可做4个）	Q弹口感 （可做5个）	松软口感 （可做4个）
高筋面粉	260	300	200
菠菜汁	138	180	103
盐	3	4	4
低糖干酵母	0.6	2.2	1.5
糖	8	5	12
波兰种	0	0	88
黄油	0	0	8
表面装饰	半片芝士片	半片芝士片	半片芝士片
合计	409.6	491.2	416.5

装饰材料	用量
芝士片	半片

装饰

在**烘烤**完成后进行装饰。

将贝果从炉中取出，放上芝士片，再放回烤炉，在烤炉余温中停留20秒即取出，这样芝士片就能很牢固地粘在贝果上。

特别材料准备

制作面团材料菠菜汁。

采用新鲜菠菜叶（不含根）与水按照1.8∶1的比例混合，送入榨汁机榨成汁即可。

菠菜汁配方内分量可以预留10克，用作调节水，搅拌面团时观察面团状态判断是否加入。如果面团显得干（面粉吸水性强），就加入。

做法

基本过程参照第三章中对应口感的原味贝果做法（菠菜汁直接投入面团，代替水）。

增加的部分过程如下。

巧克力贝果系列

　　以下收集4款巧克力贝果配方：2款无内馅——香浓可可贝果、酒渍橙丁可可贝果，2款有内馅——巧克力流心贝果、橙香奶酪可可贝果。

香浓可可贝果

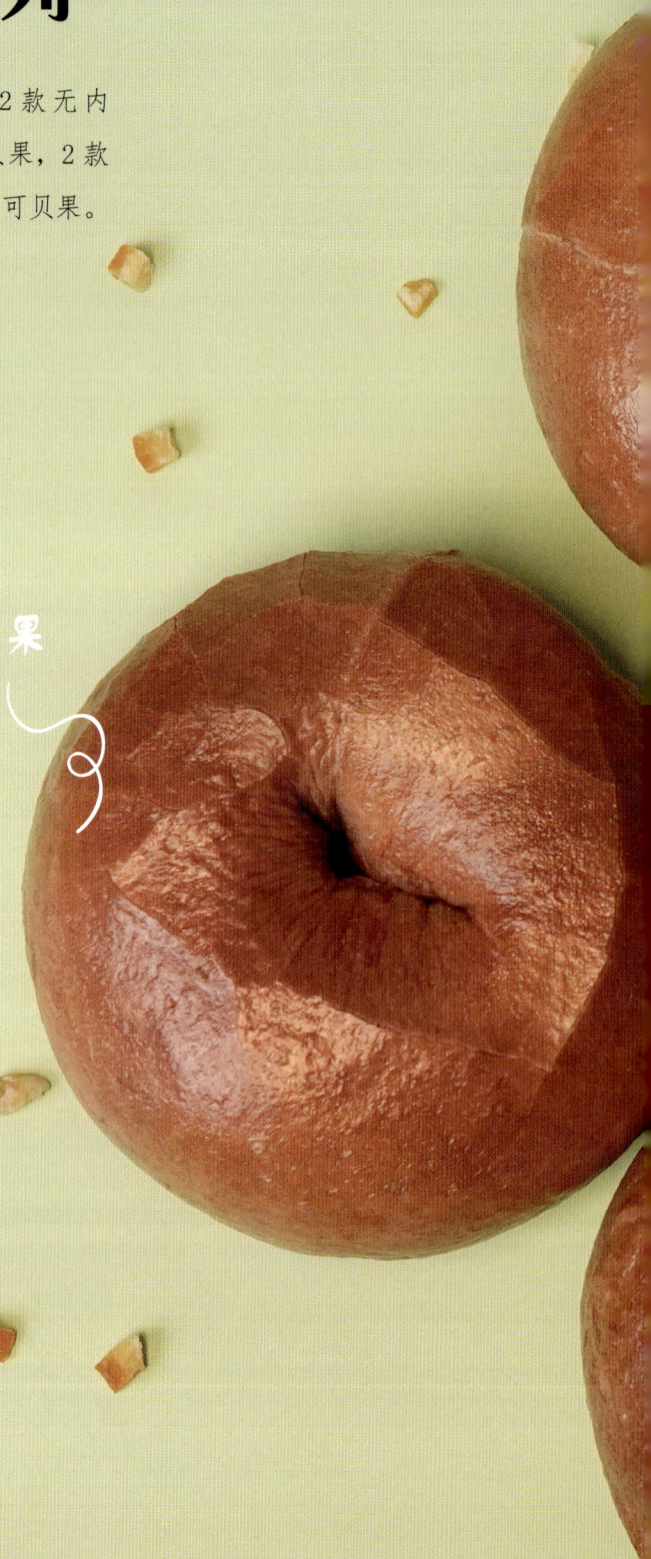

橙香奶酪可可贝果

巧克力流心贝果

酒渍橙丁可可贝果

· 香浓可可贝果

加入大量可可粉制作，烘烤时散发出浓郁的醇香，复烤过后贝果的表皮酥脆，搭配松软的内里，带来极致的口感体验。

配方

重量 / 克

面团材料	扎实口感 （可做 4 个）	Q 弹口感 （可做 5 个）	松软口感 （可做 4 个）
高筋面粉	260	300	200
水	140	173	95
盐	3	4	4
低糖干酵母	0.6	2.2	1.6
糖	8	5	10
波兰种	0	0	88
无糖可可粉	12	15	10
黄油	0	0	8
合计	423.6	499.2	416.6

这款配方的可可粉用量较大，以获得浓郁的巧克力风味。可可粉建议使用无糖粉，风味更醇厚。

可可粉比较能吸水，所以配方中也相应增加了水的用量。

做法

基本过程参照第三章中对应口感的原味贝果做法（可可粉直接投入面团）。

制作分量较大（大概 15 个贝果以上）时，可可粉建议在面团材料成团后再投入搅拌（扎实口感面团不必等冷藏后投入）。

打好的面团成品。可可粉加得越多，面团颜色越深，烤好的贝果吃起来越苦。

特别提示

在制作过程中一旦发现面团比较干，要及时喷水，避免整形以及水煮时面团接口位置因为干燥而裂开。

73

· 酒渍橙丁可可贝果

将橙子丁用朗姆酒精心腌渍后加入可可面团中。可可味道加橙子果香加朗姆酒香，口中饱含热带阳光里的热烈风情。

配方

重量 / 克

面团材料	扎实口感 （可做4个）	Q弹口感 （可做5个）	松软口感 （可做4个）
高筋面粉	260	300	200
水	132	168	92
盐	3	4	4
低糖干酵母	0.6	2.2	1.6
糖	8	5	10
波兰种	0	0	88
无糖可可粉	6	7	5
酒渍橙丁	20	24	16
黄油	0	0	8
合计	429.6	510.2	424.6

特别材料准备

制作酒渍橙丁。

1. 采用市售橙子丁100克、黑朗姆酒20克，混合均匀。

2. 送入冰箱冷藏一晚，即可使用。（未用完的可覆盖保鲜膜冷藏保存，每天翻拌一次，保证在上面的橙丁也同样浸泡到朗姆酒；在一星期内用完。）

不喜欢酒味的话，可以直接在面团里加入橙子丁，风味的丰富度会减弱稍许。

做法

基本过程参照第三章中对应口感的原味贝果做法（可可粉直接投入面团）。

有改变或增加的部分过程如下。

在面团中混入橙子丁

橙子丁在尽量晚的时刻加入面团，以减少其对面团水分的吸收，避免影响发酵进程。

Q弹口感、松软口感贝果在原**搅拌面团**阶段完成后向面团加入橙子丁，再低速混合均匀即可。

扎实口感贝果则等到**搅拌面团—冷藏发酵**阶段完成后向面团加入橙子丁，再低速混合均匀即可。

· 巧克力流心贝果

　　这款巧克力贝果包入可可含量 54.5% 的巧克力豆，略带巧克力的微苦感，甜而不腻，只要稍微加热，巧克力熔化，就呈现出诱人的流心效果。

配方

面团材料	扎实口感（可做4个）	Q弹口感（可做5个）	重量/克 松软口感（可做4个）
高筋面粉	260	300	200
水	132	168	92
盐	3	4	4
低糖干酵母	0.6	2.2	1.6
糖	8	5	10
波兰种	0	0	88
无糖可可粉	6	7	5
黄油	0	0	8
合计	409.6	486.2	408.6

内馅材料	用量
巧克力豆	约10克/个面包

　　巧克力豆建议使用54.5%可可含量的产品，苦味和甜味的平衡感比较好。

装饰材料	用量
杏仁粒	1粒/个面包

做法

基本过程参照第三章中对应口感的原味贝果做法（可可粉直接投入面团）。

有改变或增加的部分过程如下。

整形（包入馅料）

在**整形**阶段内，将原第5步"将面团从上往下卷成长条"变更成此操作（完成后继续原第6步）。采用"集中放置法"操作，具体如下。

①将巧克力豆集中放置在擀开的面团的上端位置，并与面团前边及左右两侧保持约1厘米距离，以防卷起面团时馅料溢出。

> 每一个面团包入10克巧克力豆；喜欢浓郁的巧克力流心的话，可以适当增加分量。

②将面团前边往内收。

③将前面两端的面团往内压，将巧克力豆完全包裹住。

④从上往下卷起面团，成长条形。最后收紧接缝处。

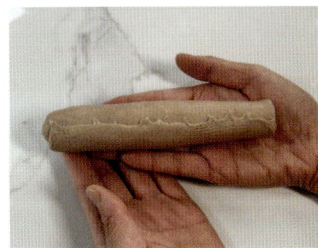

装饰

在面团**整形**完成后（进行**最后发酵**前）进行装饰。

在表面放置杏仁粒，一般会放在面团接缝处。此时如果面团表面显得干，可以适当喷水。用手轻压，让其陷进面团里。

> 大颗的坚果粒会粘得更牢固，因为贝果面团发酵长大，会一定程度包裹住装饰物，于是经过水煮也不容易脱落。

💡
特别提示

这次包入的馅料是固体，初次操作会感觉有点难，速度也会比较慢，所以面团分割滚圆后一定要盖好，防止表面变干燥，影响后续的制作和发酵。不过慢慢练习，会熟能生巧，速度越来越快。

· 橙香奶酪可可贝果

向可可贝果包入橙丁奶酪，带来独特的味觉体验。橙丁的清新香气与奶酪的细腻风味完美结合，令人陶醉。贝果表面装饰一大片新鲜橙子，不仅卖相精致，更增添一份清新的口感。

配方

面团材料	扎实口感 （可做4个）	Q弹口感 （可做5个）	重量/克 松软口感 （可做4个）
高筋面粉	260	300	200
水	132	168	92
盐	3	4	4
低糖干酵母	0.6	2.2	1.6
糖	8	5	10
波兰种	0	0	88
无糖可可粉	6	7	5
黄油	0	0	8
合计	409.6	486.2	408.6

如果想要更浓郁的橙子和可可香气，可将面团配方直接改成前面"酒渍橙丁可可贝果"的配方。

内馅材料	用量
橙丁奶酪	约20克/个面包

装饰材料	用量
橙子薄片	1片/个面包

特别材料准备

制作内馅材料（配方分量仅作示例，具体用量请根据面团重量计算）。没用完的馅料还可用作原味贝果的抹酱。

·橙丁奶酪馅

材料	重量 / 克
橙子丁	25
奶酪	100
合计	125

做法

①奶酪提前从冰箱取出回温，以方便混合操作。

②将达到常温的奶酪与橙子丁混合即可（常温奶酪的操作手感丝滑）。

③将馅料装入裱花袋备用。（裱花袋可以先放在一个比较深的容器里，方便倒入馅料。）

④将装好馅料的裱花袋用剪刀剪开一个口，备用。

做法

基本过程参照第三章中对应口感的原味贝果做法（可可粉直接投入面团）。

有改变或增加的部分过程如下。

整形（包入馅料）

在**整形**阶段内，将原第5步"将面团从上往下卷成长条"变更成此操作（操作完毕继续原第6步）。采用"集中放置"法操作（具体讲解见"黑芝麻奶酥贝果"中关丁包馅的专题说明）。

装饰 -

在成形面团**水煮**完成后进行装饰。

提前将橙子切成薄片（使用无籽的橙会更加美观），而后将橙片放在面团表面中央即可。

咖啡摩卡贝果

　　浓郁的咖啡香气扑鼻而来，带着微苦味的独特口感，仿佛美式咖啡，让早晨的每一口唤醒味蕾。

配方

重量 / 克

面团材料	扎实口感 （可做4个）	Q弹口感 （可做5个）	松软口感 （可做4个）
高筋面粉	260	300	200
水	130	165	85
盐	3	3	4
低糖干酵母	0.6	2.2	1.6
糖	8	5	10
波兰种	0	0	88
咖啡粉	6	6.5	5
黄油	0	0	8
合计	407.6	481.7	401.6

特别材料准备

这一款贝果选择的是不含奶粉、糖粉、植脂末的纯黑咖啡粉来制作。

如果读者购买到的是图片里的这种咖啡粉商品，咖啡粉颗粒相对较大，直接加到面团里不容易搅拌均匀；可以用擀面杖隔着袋子先将咖啡粉碾碎，再投入面团搅拌，细的粉末能更快地均匀融入面团，从而避免面团过度搅打。

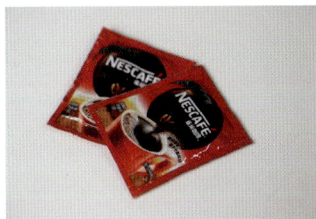

做法

制作过程参照第三章中对应口感的原味贝果做法（咖啡粉直接投入面团）。

> 制作分量较大（大概15个贝果以上）时，咖啡粉建议在面团材料成团后再投入搅拌（扎实口感面团不必等冷藏后投入）。

蔓越莓贝果

蔓越莓颗粒饱满，带来酸甜滋味。咬上一口，仿佛味蕾在跳舞，让人爱不释手。

配方

重量 / 克

面团材料	扎实口感 （可做4个）	Q弹口感 （可做5个）	松软口感 （可做4个）
高筋面粉	260	300	200
水	130	165	85
盐	3	4	4
低糖干酵母	0.6	2.2	1.6
糖	8	5	10
波兰种	0	0	88
蔓越莓干 *	13	15	10
黄油	0	0	8
合计	414.6	491.2	406.6

> * 蔓越莓干加入的量可以依据自己的喜好调整，但是建议不超过面粉重量的15%，加入过多果干将使面团发酵受到影响。

Q弹口感、松软口感贝果在原**搅拌面团**阶段完成后向面团加入蔓越莓干，再低速混合均匀即可。

扎实口感贝果则等到**搅拌面团—冷藏发酵**阶段完成后向面团加入蔓越莓干，再低速混合均匀即可。

特别材料准备

准备蔓越莓干。

1. 将蔓越莓干提前用温水清洁，以洗去附着在表面的油脂。

2. 将洗过的蔓越莓干放到厨房纸上按压，以吸干表面的水分。如果有颗粒比较大的蔓越莓干，建议切成小颗粒再使用。

做法

基本过程参照第三章中对应口感的原味贝果做法。

有改变或增加的部分过程如下。

在面团中混入蔓越莓干

> 蔓越莓干在尽量晚的时刻加入面团，以减少其对面团水分的吸收，避免影响发酵进程。

生椰斑斓贝果

斑斓叶是一种热带的绿色植物，具有独特的天然芳香。贝果面团里加入由新鲜斑斓研磨成的斑斓粉，面团表面再装饰来自热带椰子的椰蓉碎，面团经烘烤成面包后仍然呈现清清凉的绿色，咬下一口，仿佛置身于热带岛屿的沙滩上。

特别提示

粘了椰蓉的面团表面容易上色，而且有些家用烤箱的上火容易使面团上色，因此第一次制作的时候，请在烘烤进入最后2分钟时及时查看烤箱内情况，面团有稍微上色即可取出。

配方

面团材料	扎实口感 （可做4个）	Q弹口感 （可做5个）	松软口感 （可做4个）
高筋面粉	260	300	200
水	130	165	90
盐	3	4	4
低糖干酵母	0.6	2.2	1.6
糖	8	5	10
波兰种	0	0	88
黄油	0	0	8
斑斓粉	5	7	5
合计	409.6	483.2	408.6

装饰材料	用量
椰蓉	适量

做法

基本过程参照第三章中对应口感的原味贝果做法（斑斓粉直接投入面团）。

> 制作分量较大（大概15个贝果以上）时，斑斓粉建议在面团材料成团后再投入搅拌（扎实口感面团不必等冷藏后投入）。

有改变或增加的部分过程如下。

装饰 - - - - - - - - - - - - - - - - - -

在成形面团**水煮**完成后进行装饰。

待面团稍微晾凉，倒扣在装了椰蓉的容器内，让表面粘满椰蓉。而后取出面团，正面朝上摆入烤盘即可。

> 面团表面的椰蓉会掉落在烤盘上，是正常现象。

（而后接下一个阶段**烘烤**。）

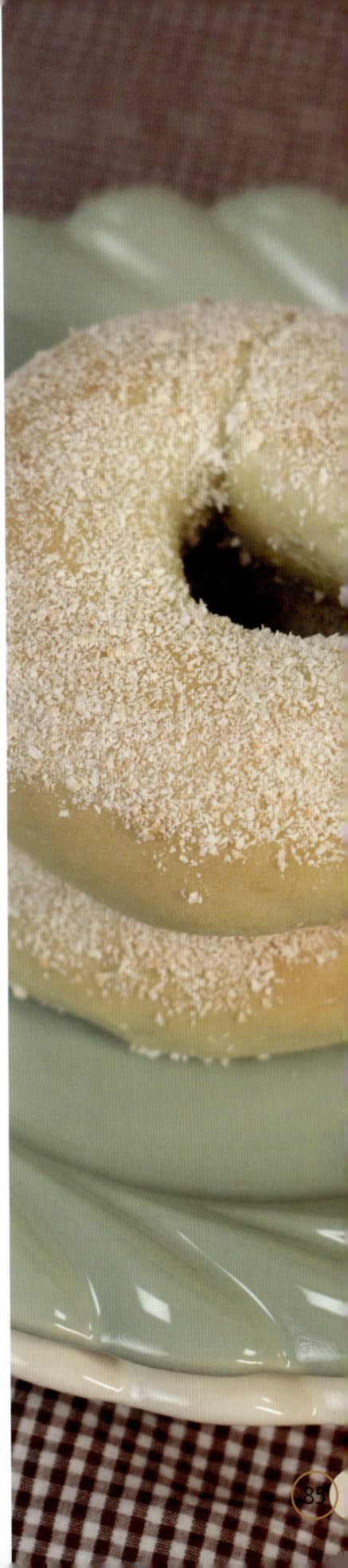

南瓜贝果

选用新鲜的贝贝南瓜，蒸成南瓜泥，加入面团里，表面再点缀南瓜籽，咬下满口瓜香，是健康的味道；搭配贝果的嚼劲，回味更加绵长！

配方

面团材料	扎实口感 （可做4个）	Q弹口感 （可做5个）	松软口感 （可做4个）
高筋面粉	260	300	200
水	30	52	30
贝贝南瓜泥	134	154	102
盐	3	4	4
低糖干酵母	0.6	2.2	1.6
糖	8	5	10
波兰种	0	0	88
黄油	0	0	8
合计	435.6	517.2	443.6

装饰材料	用量
南瓜籽	少量

特别材料准备

制作面团材料贝贝南瓜泥。
1. 切开贝贝南瓜，挖空南瓜籽，再切成小块。（注意：不需要去掉南瓜皮，保留南瓜皮会让口感更有层次感。）
2. 将南瓜块放入蒸锅蒸煮。蒸煮时间随食材量以及南瓜块大小而会有所差异。南瓜煮熟的判断标准：用牙签可以顺利插入、穿透南瓜块，不会遇到硬的瓜肉。

3. 取出南瓜块，压成泥，晾凉备用。夏天可以放到冰箱冷藏一晚再使用。

做法

基本过程参照第三章中对应口感的原味贝果做法（贝贝南瓜泥直接投入面团）。
增加的部分过程如下。

装饰

在成形面团**水煮**完成后，在表面粘黏装饰南瓜籽。（而后接下一个阶段**烘烤**。）

特别提示

本配方里的南瓜泥是使用贝贝南瓜制作，有一定的含水量。如果你使用老南瓜制作，那么南瓜泥的含水量会更大，这时请注意将配方里的水预留10～15克，在面团材料搅拌时观察成团情况，再酌情投入。

30% 全麦贝果

　　用全麦粉加入制作，面包复热后散发更浓的麦香味。全麦粉富含膳食纤维，比一般的面包更容易让人有饱腹感，这也是为什么很多健身人士选择全麦面包的一个原因。

　　本款配方的面粉中实际上全麦面粉只占 30%。

　　如果制作 100% 全麦粉的贝果，口感将非常粗糙，难以下咽。在这里我也做了100% 全麦贝果（见图右），供大家对比。

配方

重量 / 克

面团材料	扎实口感 (可做4个)	Q弹口感 (可做5个)	松软口感 (可做4个)
高筋面粉	182	210	140
全麦粉 *	78	90	60
水	138	168	90
盐	3	4	4
低糖干酵母	0.8	2.4	1.7
糖	8	5	10
波兰种	0	0	88
黄油	0	0	8
合计	409.8	479.4	401.7

* 这里使用的是 T150 全麦粉，麸皮的含量比较高。

做法

基本过程参照第三章中对应口感的原味贝果做法（全麦粉直接投入面团）。

如果在搅拌面团阶段后期，面团显得干而仍无法成团，应及时加入一些水，以确保后续的流程顺利进行。

专题：高筋粉和全麦粉的区别

高筋粉和全麦粉都是由小麦粒研磨出来的，区别在于：高筋面粉是将小麦外面的麸皮去掉之后研磨而成；而全麦粉顾名思义就是保留麦粒的全部，将外层淡黄色的麸皮一起研磨而成。所以全麦粉具有麦子的颜色。

全麦粉的营养丰富，特别是含有丰富的膳食纤维、B族维生素。

这里的图片就是全麦面粉(周边被濡湿)。

在制作面包时，麸皮会一定程度阻碍面筋的形成，所以我们一般都将全麦面粉和高筋面粉搭配使用。

我们也制作了100%全麦贝果，供大家对比。可以看到，高含量的麸皮阻碍了面筋的形成，面包膨发不大。

各图中左：30% 全麦贝果
各图中右：100% 全麦贝果

奶盐贝果

　　一款香味极其浓郁的贝果。面团里加入了奶粉，装饰时表面还加上白芝麻、适量粗盐以及黄油，并以独特的方式烘烤！贝果咬下的每一口，集合了咸香、焦香、芝麻香，还含微微的奶香味，为你的每一天提神！

配方

面团材料	扎实口感 (可做4个)	Q弹口感 (可做5个)	松软口感 (可做4个)
高筋面粉	260	300	200
水	130	165	90
盐	3	4	4
低糖干酵母	0.6	2.2	1.6
糖	8	5	10
奶粉	15	17	12
波兰种	0	0	88
黄油	0	0	8
合计	416.6	493.2	413.6

装饰材料	用量
白芝麻	适量
黄油	3小块/个面包
粗盐	适量

2. 将贝果正面的一小半粘上熟白芝麻。

3. 将面团倒扣在烤盘上。在面团底部均匀摆放3小块黄油，再撒一些粗盐。

此后面团就保持这种正面朝下的姿势进入下一个阶段**烘烤**。

做法

基本过程参照第三章中对应口感的原味贝果做法。

增加的部分过程如下。

装饰 --------------------

在成形面团**水煮**完成后进行装饰。

1. 面团从热水锅中捞出后，稍微晾凉。

川香辣肠贝果

这是一款会让喜欢吃辣的小伙伴"爱不释口"的贝果。白芝麻与辣椒面调料共同装饰于表面，咬下后，香、辣味道与内馅的肉香味组合，用我店铺顾客的评价说就是——惊艳。

配方

重量/克

面团材料	扎实口感（可做4个）	Q弹口感（可做5个）	松软口感（可做4个）
高筋面粉	260	300	200
水	130	165	90
盐	3	4	4
低糖干酵母	0.6	2.2	1.6
糖	8	5	10
波兰种	0	0	88
黄油	0	0	8
合计	416.6	476.2	413.6

内馅材料	用量
川味腊肠	20克/个面包

装饰材料	用量
六婆辣椒面	适量
白芝麻	适量

特别材料准备

准备辣味的内馅材料和装饰材料。

1. 购买川味腊肠（销售者也常叫作"川味香肠""麻辣香肠"），是麻辣味道的腊肠。将腊肠切成丁，用于内馅材料。

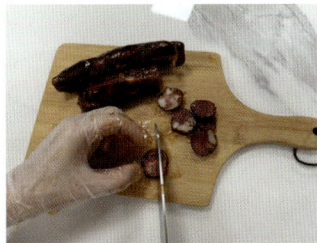

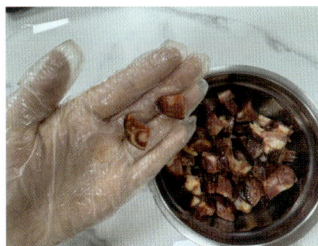

腊肠的口味可以随你喜好更换，例如你不喜欢太辣，可以换成黑椒肉肠，辣味会减轻很多。

2. 购买川味蘸料"六婆辣椒面"，和白芝麻混合做成蘸料，用于装饰材料。辣椒和白芝麻的比例随意，喜欢哪种的味道，哪种材料就多放一些，拿不准主意的话，就将两者等比例混合。

做法

基本过程参照第三章中对应口感的原味贝果做法。

有改变或增加的部分过程如下。

整形（包入馅料）

在整形阶段内，将原第5步"将面团从上往下卷成长条"变更成此操作（操作完毕继续原第6步）。采用"集中放置法"操作，具体如下。

①将辣肠丁集中放置在擀开的面团的上端位置，并与面团前边及左右两侧保持约1厘米距离，以防卷起面团时馅料溢出。

②将面团前边往内收，再将前面两端的面团往内压紧，让内馅被紧实包裹，避免空心的存在，也避免在烘烤时内馅爆开。

③将面团卷成长条形，最后捏紧收口。

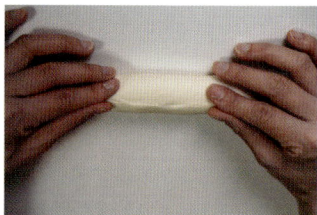

装饰

在成形面团**水煮**完成后进行装饰。

用一把刷子沾取白芝麻和辣椒面混合而成的蘸料，均匀刷在面团表面。（如果你喜欢辣味，也可以像制作全家福贝果一样，将面团正面直接倒扣在蘸料碗里，沾上更多调料——当然，这时面团的表面也要是湿润的。）

（而后接下一个阶段**烘烤**。）

平安果肉桂贝果

　　苹果与肉桂的组合，是圣诞季节的传统美食，最著名的是肉桂苹果派，肉桂的香气和苹果的甜美相结合，为圣诞节增添了温馨和欢乐的气氛。

　　把它们用到贝果里。表面装饰的苹果片经过烘烤后微微卷起，就是送给自己的一朵花，今年所有的好的坏的，我们都在年末的这一天把它封存，并迎接新一年的到来。

配方

面团材料	扎实口感 （可做 4 个）	Q 弹口感 （可做 5 个）	松软口感 （可做 4 个）
高筋面粉	260	300	200
水	130	165	92
盐	3	4	4
低糖干酵母	0.6	2.2	1.6
糖	8	5	10
波兰种	0	0	88
黄油	0	0	8
肉桂粉	4	5	4
合计	405.6	481.2	407.6

内馅材料	用量
肉桂苹果	20 克 / 个面包

装饰材料	用量
薄切苹果片	1 片 / 个面包

特别材料准备

制作内馅材料（配方分量仅作示例，具体用量请根据面团重量计算）。

·肉桂苹果馅

材料	重量 / 克
白砂糖	15
黄油	10
肉桂粉	5
去皮苹果丁	150
合计	180

做法

①将白砂糖、黄油、去皮苹果丁入锅，开小火翻炒，至苹果肉呈金黄色。（想要炒得快一点，就把苹果粒切小一点。）

②关火，盛至碗里，晾凉。

③将苹果肉与肉桂粉混合，搅拌均匀即可。（肉桂粉用量随意，不喜欢太浓肉桂味道的朋友可减少之。）

做法

基本过程参照第三章中对应口感的原味贝果做法（肉桂粉直接投入面团）。

有改变或增加的部分过程如下。

整形（包入馅料）-----

在**整形**阶段内，将原第5步"将面团从上往下卷成长条"变更成此操作（操作完毕继续原第6步）。采用"集中放置"法操作（具体讲解见"黑芝麻奶酥贝果"中关于包馅的专题说明）。

> 如果你不喜欢吃肉桂苹果馅，可以省略这个环节。不包馅料的面包体本身的味道也非常浓郁。

装饰

1. 在成形面团进行**最后发酵**的时间里，准备薄切苹果片。将苹果从中间切开，再切出薄片。（尽量选择没有苹果籽的部分，装饰起来会更好看。）将苹果片浸泡在盐水里备用，以免氧化变色。

2. 在成形面团**水煮**完成后进行装饰。捞出面团放到烤盘上，在表面摆上苹果薄片即可。（而后接下一个阶段**烘烤**。）

卡乐比早餐贝果

有时候在家用牛奶冲卡乐比（Calbee）水果麦片，总觉得吃不饱，干脆做成贝果，既饱腹，又能吃到香脆可口的麦片和酸甜适中的水果干。

配方

重量 / 克

面团材料	扎实口感 （可做 4 个）	Q 弹口感 （可做 5 个）	松软口感 （可做 4 个）
高筋面粉	260	300	200
水	130	165	90
盐	3	4	4
低糖干酵母	0.6	2.2	1.6
糖	8	5	10
波兰种	0	0	88
黄油	0	0	8
水果麦片	20	24	16
合计	421.6	500.2	417.6

做法

基本过程参照第三章中对应口感的原味贝果做法。

有改变或增加的部分过程如下。

在面团中混入卡乐比水果麦片

卡乐比水果麦片在尽量晚的时刻加入面团，以减少其对面团水分的吸收，避免影响发酵进程；这样也可以尽量保持材料的酥脆感。

Q 弹口感、松软口感贝果在原**搅拌面团**阶段完成后向面团加入卡乐比水果麦片，再低速混合均匀即可。

扎实口感贝果则等到**搅拌**

面团—冷藏发酵阶段完成后向面团加入卡乐比水果麦片，再低速混合均匀即可。

💡 **特别提示**

卡乐比麦片的口感酥脆，在制作中尽量保留其干燥性和原来的颗粒状态，吃起来会更美味。所以一定要在最后时刻才加入面团，且混合搅拌的操作也不要多。

燕麦贝果

　　把即食燕麦片混入贝果面团，并装饰在表面，带来满满的粗粮营养。燕麦微微的香气和丰富的颗粒感，让早晨充满活力感觉。

配方

重量 / 克

面团材料	扎实口感 （可做4个）	Q弹口感 （可做5个）	松软口感 （可做4个）
高筋面粉	260	300	200
水	130	165	90
盐	3	4	4
低糖干酵母	0.6	2.2	1.6
糖	8	5	10
波兰种	0	0	88
黄油	0	0	8
即食燕麦片	20	24	16
合计	421.6	500.2	417.6

装饰材料	用量
即食燕麦片	适量

即食燕麦片

做法

基本过程参照第三章中对应口感的原味贝果做法。

有改变或增加的部分过程如下。

在面团中混入即食燕麦片

即食燕麦片在尽量晚的时刻加入面团，以减少其对面团水分的吸收，避免影响发酵进程。

Q弹口感、松软口感贝果在原**搅拌面团**阶段完成后向面团加入即食燕麦片，再低速混合均匀即可。

扎实口感贝果则等到**搅拌面团—冷藏发酵**阶段完成后向面团加入即食燕麦片，再低速混合均匀即可。

装饰

在成形面团**水煮**完成后进行装饰。

将面团正面朝下倒扣在即食燕麦片盆里，让表面粘满燕麦片，而后取出面团，正面朝上摆入烤盘。

（而后接下一个阶段**烘烤**。）

无糖蓝莓贝果

在这里我们自制无糖的蓝莓酱，将它揉入面团，呈现诱人的紫色，面团中还混入蓝莓果干，每一口都有清新的香气。

紫色之所以诱人，是因为它是"抗氧化剂"食物的颜色，蓝莓就具有抗衰老、增记忆的功效，并且对眼睛健康大有好处。

这里自制的蓝莓酱中不含糖，并且面团配方中的糖的成分也可以去除，黄油也可以不加，这样制作时，我标榜它为"无糖无油蓝莓贝果"。

配方

重量 / 克

面团材料	扎实口感 （可做4个）	Q弹口感 （可做5个）	松软口感 （可做4个）
高筋面粉	260	300	200
水	100	116	77
蓝莓酱（自制）	60	81	45
盐	3	4	4
低糖干酵母	0.6	2.2	1.6
糖 *	8	5	10
波兰种	0	0	88
黄油	0	0	8
蓝莓果干	15	17	12
合计	446.6	525.2	445.6

* 糖也可以不加入，因为蓝莓酱中的新鲜蓝莓含有果糖成分，可以给发酵提供能量。

特别材料准备

制作蓝莓酱。（除了用于面团材料，也可作为抹酱。）

·蓝莓酱

材料	重量 / 克
新鲜蓝莓	300
赤藓糖醇 *	48
合计	348

* 赤藓糖醇是代糖的一种，能带来甜味，但没有白砂糖那样的能量。所以这样的蓝莓酱即使糖尿病人也可安心食用。

做法

①将蓝莓捣碎（可以使用压泥器）。

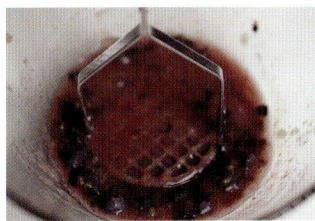

②加入赤藓糖醇，混合均匀。

③倒入锅中，以小火熬煮至浓稠状即可。

要判断蓝莓酱熬煮是否成功，可以取一点酱滴入水中，酱不会化开，而是凝结在一起，即说明成功。

④熬煮好的蓝莓酱，倒入干净的容器里，晾凉备用。

如要长期保存，可用带盖容器盛装，容器须先经开水烫洗消毒，再晾干水分使用，以延长果酱保质期。在冰箱内冷藏可保存2星期。

做法

基本过程参照第三章中对应口感的原味贝果做法（蓝莓酱直接投入面团）。

有改变或增加的部分过程如下。

在面团中混入蓝莓果干

蓝莓果干在尽量晚的时刻加入面团，以减少其对面团水分的吸收，避免影响发酵进程。

Q弹口感、松软口感贝果在原**搅拌面团**阶段完成后向面团加入蓝莓果干，再低速混合均匀即可。

扎实口感贝果则等到**搅拌面团—冷藏发酵**阶段完成后向面团加入蓝莓果干，再低速混合均匀即可。

用加有小苏打的水煮过的蓝莓贝果面团

💡 特别提示

有的朋友煮贝果喜欢用加入小苏打（碳酸氢钠）的水，但这个贝果请避免使用小苏打或者烘焙碱（氢氧化钠），蓝莓里的花青素会和小苏打或烘焙碱起化学反应，导致贝果呈灰色或者青灰色，非常影响食欲。

开心果贝果 /
开心果奶酪贝果

　　购买现成的开心果酱融入面团，带来扑鼻香气，作为早餐，兼具营养与开心美味。

　　还可以再自行调制开心果奶酪酱，作为内馅包卷入面团，就带来了双重的"开心"。

配方

面团材料	扎实口感 （可做4个）	Q弹口感 （可做5个）	松软口感 （可做4个）
高筋面粉	260	300	200
水	130	165	90
盐	3	4	4
低糖干酵母	0.6	2.2	1.6
糖	8	5	10
波兰种	0	0	88
黄油	0	0	8
开心果酱	9	11	7
合计	410.6	487.2	408.6

装饰材料	用量
开心果碎	适量

开心果奶酪贝果用

内陷材料	用量
开心果奶酪酱	约20克 / 个面包

特别材料准备

（开心果奶酪贝果用）

制作内馅材料（配方分量仅作示例，具体用量请根据面团重量计算）。这款馅料也很适合作为抹酱。

· 开心果奶酪酱

材料	重量 / 克
奶油奶酪	100
开心果酱	15
开心果碎	10
盐	1
合计	126

做法

①将奶油奶酪在室温下软化。
②将所有材料混合均匀。
③装入裱花袋备用。

做法

基本过程参照第三章中对应口感的原味贝果做法。

> 面团中因为加入了带有油脂的开心果酱，操作起来会比其他贝果显得粘手，此时可以撒少量面粉，再继续操作。

有改变或增加的部分过程如下。

整形（包入馅料）
（开心果奶酪贝果步骤）

在**整形**阶段内，将原第5步"将面团从上往下卷成长条"变更成此操作（操作完毕继续原第6步）。采用"集中放置"法操作（具体讲解见"黑芝麻奶酥贝果"中关于包馅的专题说明）包入开心果奶酪酱。

> · 图中馅料两端离面团边缘比较近，这是我熟练后的操作；对于新手读者，还是要在两端留出一指宽余地，避免包馅时溢出。

·面团擀开成这样的梯形也是可以的，并且更方便整形。因为如果是矩形的面团，在卷起时如果方向与侧边不够一致，就会在边缘呈现螺纹样；而梯形面团在卷起的结尾面皮比较大，可以包住出现的螺纹样，从而呈现更平整的圆柱形表面。

装饰 ------------------------

在成形面团**水煮**完成后进行装饰。用湿润手指沾取一些开心果碎，粘在面团表面即可。

（而后接下一个阶段**烘烤**。）

玫瑰奶酪贝果

　　贝果面团里揉入玫瑰花瓣，散发出淡淡香气。内馅是由玫瑰花酱与奶油奶酪调和而成，香甜而不腻，口感丰富。从视觉上、味觉上都带来一场玫瑰花的盛宴。

配方

重量 / 克

面团材料	扎实口感 （可做 4 个）	Q 弹口感 （可做 5 个）	松软口感 （可做 4 个）
高筋面粉	260	300	200
水	130	165	90
盐	3	4	4
低糖干酵母	0.6	2.2	1.6
糖	8	5	10
波兰种	0	0	88
黄油	0	0	8
可食用玫瑰花瓣	15	17	12
合计	416.6	493.2	413.6

内陷材料	用量
玫瑰奶酪	20 克 / 个面包

特别材料准备

制作内馅材料玫瑰奶酪（配方分量仅作示例，具体用量请根据面团重量计算）。

·玫瑰奶酪

材料	重量 / 克
奶油奶酪	100
玫瑰花酱	10
盐	1
合计	111

做法

①将奶油奶酪在室温下软化好。

②将所有材料混合均匀。

③装入裱花袋备用。

做法

基本过程参照第三章中对应口感的原味贝果做法。

有改变或增加的部分过程如下。

在面团中混入可食用玫瑰花瓣

> 可食用玫瑰花瓣在尽量晚的时刻加入面团，以减少其对面团水分的吸收，避免影响发酵进程；也避免影响玫瑰花瓣的形态和颜色呈现效果。

Q 弹口感、松软口感贝果在原**搅拌面团**阶段完成后向面团加入可食用玫瑰花瓣，再低速混合均匀即可。

扎实口感贝果则等到**搅拌面团—冷藏发酵**阶段完成后向面团加入可食用玫瑰花瓣，再低速混合均匀即可。

整形（包入馅料）

在**整形**阶段内，将原第 5 步"将面团从上往下卷成长条"变更成此操作（操作完毕继续原第 6 步）。采用"集中放置"法操作（具体讲解见"黑芝麻奶酥贝果"中关于包馅的专题说明）包入玫瑰奶酪馅。

抹茶贝果

　　选用五十铃抹茶粉制作的抹茶贝果，闻的时候散发出独特香气，入口微苦，而回味无穷。不管你是搭配奶酪抹酱品尝还是单独品尝，都能感受到那种抹茶的清新与浓郁。

配方

重量 / 克

面团材料	扎实口感 （可做 4 个）	Q 弹口感 （可做 5 个）	松软口感 （可做 4 个）
高筋面粉	260	300	200
水	130	165	90
盐	3	4	4
低糖干酵母	0.6	2.2	1.6
糖	8	5	10
波兰种	0	0	88
黄油	0	0	8
抹茶粉（五十铃）	7	9	6
合计	408.6	484.2	407.6

装饰材料	用量
玫瑰奶酪	20 克 / 个面包

做法

基本过程参照第三章中对应口感的原味贝果做法（抹茶粉直接投入面团）。

特别提示

抹茶粉放得越多，贝果烤出来会越苦；同时制作的时候，面团也会越干，须注意及时调节用水量。

抹茶红豆贝果 / 抹茶奶酪贝果

在抹茶贝果的基础上，包入红豆馅料，就可以做出抹茶红豆贝果啦！抹茶和红豆就是绝配，没有任何违和感。

而将红豆馅料替换成奶酪，就可以做成抹茶奶酪贝果，清凉解腻的抹茶与奶酪搭配，也是不错的选择。

配方

面团材料

面团即前面的**抹茶贝果**的面团。

内馅材料	用量
红豆（或奶酪）	约 20 克 / 个面包

> 红豆选择市售的低糖红豆。
>
> 建议每 100g 重的面团包入 20g 红豆馅料。新手可再减少一点，避免太多馅料导致无法顺利卷起。

低糖红豆

做法

在无馅的抹茶贝果基础上，增加如下包入馅料的操作即可。

整形（包入馅料）

在**整形**阶段内，将原第 5 步"将面团从上往下卷成长条"变更成此操作（操作完毕继续原第 6 步）。采用"集中放置"法操作（具体讲解见"黑芝麻奶酥贝果"中关于包馅的专题说明）包入红豆馅（成抹茶红豆贝果）或奶酪馅（成抹茶奶酪贝果）。

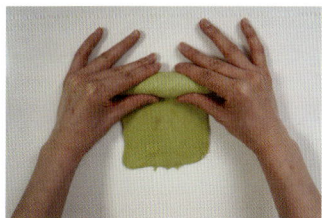

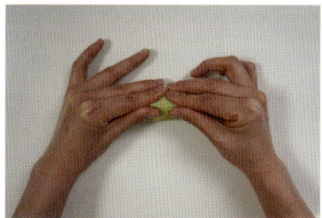

装饰

抹茶红豆贝果可以在面团**整形**完成后（进行**最后发酵**前）进行装饰，在表面粘上一颗红豆轻按（可以作为标志，与"原味抹茶贝果"区分开）。如果在后面水煮的时候，红豆粒脱落，可以拿一颗新的红豆重新粘上去。

抹茶奶酪贝果则可以在贝果烘烤完成，晾凉之后，在表面撒上抹茶粉，风味会更加浓郁。

黑金奶酥贝果

　　用深黑可可粉加入面团做出黑色面包体，表面装饰细碎的开心果碎，烘烤完，远远地看，表面很像繁星满天的夜空。切开贝果，绿色的开心果奶酥馅料就像吹拂过草原的微风。如果你品尝这款贝果，请在感受浓郁香气的同时，也闭上眼想象一下盛夏躺在大草原上，凉风拂面的感觉。

配方

面团材料	扎实口感 (可做 4 个)	Q 弹口感 (可做 5 个)	松软口感 (可做 4 个)
高筋面粉	260	300	200
水	130	165	90
盐	3	4	4
低糖干酵母	0.6	2.2	1.6
糖	8	5	10
波兰种	0	0	88
黄油	0	0	8
深黑可可粉	3	4	2.5
合计	404.6	480.2	404.1

内馅材料	用量
开心果奶酥	20 克 / 个面包

装饰材料	用量
开心果碎	适量

特别材料准备

制作内馅材料（配方分量仅作示例，具体用量请根据面团重量计算）。

· 开心果奶酥

材料	重量 / 克
黄油	30
鸡蛋液	13
糖粉	5
开心果酱	8
奶粉	40
开心果碎	15
合计	111

做法

①将黄油回温软化好。

②将糖粉、开心果酱、奶粉混合均匀。

③加入黄油、鸡蛋液（注意：如果制作的量比较多，鸡蛋液分次加入会更好操作），搅拌均匀。

④加入开心果碎（可以选择颗粒大一点的开心果碎，吃起来更有口感）。

⑤装入裱花袋备用。

做法

基本过程参照第三章中对应口感的原味贝果做法（深黑可可粉直接投入面团）。

有改变或增加的部分过程如下。

整形（包入馅料）-------

在**整形**阶段内，将原第 5 步"将面团从上往下卷成长条"变更成此操作（操作完毕继续原第 6 步）。可以任意采用"平铺"或"集中放置"法操作（具体讲解见第 53 页专题"包入馅料的方法"）包入开心果奶酥馅。

方法一 平铺

方法二 集中放置

注意：包馅料的时候两侧的面团要包紧、收好，否则就会出现这样的情况——面团卷起后馅料从端部漏出，这种情况会影响后续的整形。

装饰 --------------------

在成形面团**水煮**完成后进行装饰，在表面洒开心果碎即可。

（而后接下一个阶段**烘烤**。）

双色 / 三色贝果

　　这一次介绍的贝果特色在于外观，读者可以用任意不同颜色的面团进行组合。

　　所以下面不再给出配方。你可以参考前面的配方自由选择和组合，也可以再包入某种馅料，于是，一个贝果就可以吃到多种口感，多样地满足。

　　下面选择菠菜贝果、南瓜贝果、原味贝果的面团拼合，使用"松软贝果"的整形手法整形。

做法

基本过程参照第三章中对应口感的原味贝果做法。

各色面团搅拌完成后进行平均分割。需要按颜色细分：如果制作双色贝果，一个贝果重量 100 克，那么每一个颜色的面团就是 50 克；如果制作三色贝果，一个贝果重量 100 克，那么每一个颜色的面团就是 33 克。

双色贝果整形

1. 将面团拍平，部分重叠到一起，然后用擀面杖擀开。

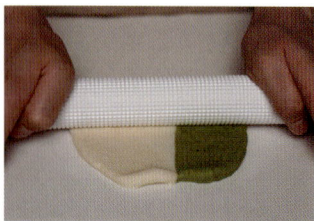

2. 擀开之后面团会紧密黏合在一起。

3. 按照普通贝果的整形手法卷成长条。

4. 待面团松弛过后，选择颜色占比短的那一边面团将端头擀开成扇形，再将另一端面团包入扇形区域（避免颜色分布不均，卖相不好看）。

三色贝果整形

1. 选择 3 种颜色的面团，用手压扁，部分面团重叠。

2. 用擀面杖擀开。

3. 擀开之后面团会黏合在一起（整体面积和普通款贝果的面团大小一致）。

4. 按照普通贝果的整形手法进行操作。

Part 5 贝果制作常见问题解答

Q **1. 根据书本的配方制作，为什么我的面团很粘手／很干？**

A 每一款面粉的吸水量不一样，需要根据实际情况调节配方的用水量。第一次制作，可以在配方中预留 10 ~ 15 克调节水，根据面团的情况选择是否投入。

Q **2. 为什么贝果烘烤完总是裂开？**

A 这是很多朋友经常遇到的问题。要分成两种情况进行回答。

（1）外圈裂开的情况。对此，需要在面团整形完注意检查面皮卷起后的接缝是否太靠近外圈（扎实、Q 弹贝果不会有此情况，因为面团卷起后又经过扭转）；如果接缝太靠近外圈，面团膨发后外侧面团体的胀大幅度更大，而且水分也更容易蒸发，就导致贝果烘烤完这里容易裂开（比较干燥的面团几乎都会裂开，而高水分面团有可能躲过此命运）。

面包在较外圈的位置出现裂缝

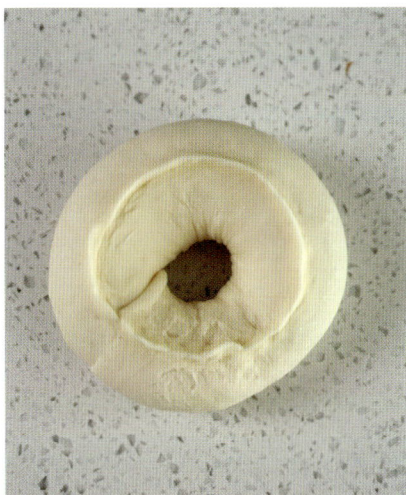

<table>
<tr><td>✔️ 这样的接缝位置可以</td><td>❌ 接缝位置太靠近面团外圈</td></tr>
</table>

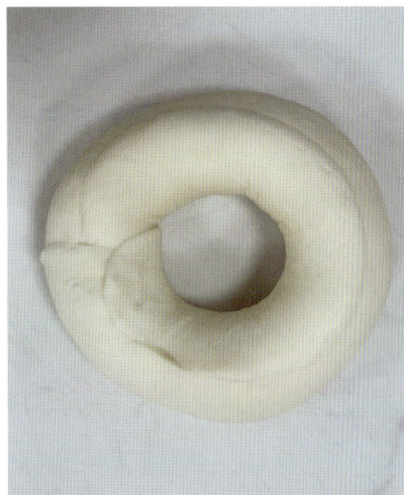

（2）内圈裂开的情况。这种情况大部分是因为发酵不足导致。

面包在最内圈的位置出现裂缝

Q **3.包馅料的贝果总是爆馅儿怎么办?**

A 包馅料贝果爆馅儿这个问题,很多私房和面包店的师傅都会遇到。可以从以下几个方面着手进行解决。

（1）不要包入太多的馅料,一般建议包入面团重量20%左右的馅料。油脂含量高的面团还需要再适量减少。

（2）对面团的每一个塑形动作一定要等面团松弛到位后再进行,避免面筋太紧。

（3）发酵一定要充分。

如果以上3个环节都做到位,仍然出现爆馅儿的情况,请降低烤箱炉火的温度10～15℃。

Q **4.贝果的接口处一下锅煮就爆开,这是为什么?**

A 接口处爆开的原因通常分为2点:

（1）接口处的面团太干燥。整形的时候,可以用拧干水的毛巾摁压擀开的扇形区域,然后再进行包卷的操作。

（2）整形的时候,扇形区域的面团擀开得太小,发酵完成后无法完全裹住接口处。针对这种情况,擀开面团一端的时候,尽量多擀开一点面积,保证可以完全包裹住接口处被包入的面团。

Q **5.为什么面团擀开或者搓长条后回缩很严重?**

A 面团回缩严重,最根本的原因是松弛不到位。

在冬天室温低的时候,容易出现这个问题。针对冬天的情况,可以适当增加2～3分钟的松弛时间。

表皮干燥也会引起这一问题。这个时候只需要朝面团上方的空气中喷水，让水雾自然落到面团上，此后再进行擀面或者整形，就不会出现回缩严重的情况。

Q **6. 为什么贝果在发酵环节看过去都好好的，手一碰或者下锅一煮水就塌下去了？**

A 这种情况是发酵过度的典型表现。针对于此，要适当减少发酵的时间，在发酵中不断观察面团，根据相关知识判断面团的状态，把握好可以下锅水煮的时机。

Q **7. 为什么贝果烤完表面没有光泽？**

A 因为煮贝果的水温过低。煮贝果的水请保持在90℃以上；以过低温度煮出来的贝果，表面会失去光泽感。

Q **8. 为什么有的贝果会有"钻石纹"？**

A 烤箱内外温差所致。钻石纹贝果经常见于冬季。经烤箱高温烘烤出来的贝果，放置在温度低的室内，晾凉之后表皮会出现不规则的开裂，这就是"钻石纹"。含水量低的面团更容易出现这一现象。但是这不是检验贝果好吃与否的标准，所以没有必要很在意此现象。

"钻石纹"

Q 9. 为什么贝果烘烤完，表面还是有很大的褶皱？

A 因为发酵过度。

面团水煮之后表皮增厚，会出现褶皱。这些褶皱在面团内部膨胀后又会被拉平、消失。但发酵过度的贝果，内部组织不容易产气，经过水煮、烤箱烘烤后也无法顺利膨胀，表皮无法撑开，就导致褶皱在贝果出炉后依然存在。

Q 10. 为什么贝果吃起来像馒头？或者内部有点黏？

A 因为发酵不充分，或者烘烤温度不够。

这里需要说明一下：说"贝果吃起来像馒头"并不是说"馒头"不

好吃，只是说贝果的某些特征没有表现到位。贝果和馒头的制作方法不同，如果吃起来口感像馒头，也就是缺少面包特有的浓郁麦香，这一般是因为面团没有发酵到位。出现这种情况，下次制作时就考虑延长发酵时间。

如果贝果吃起来感觉内部有点黏，就是没烤熟透。需要提高烤箱烘烤温度，充分烤熟。

Q 11. 煮贝果的时间长短，对于贝果有什么样的影响？

A 煮的时间越长，贝果的表皮越厚，贝果膨胀越大，烤好之后的韧性越大，即断口性越小。

对本书中的贝果，建议水煮时间为每一面 30 秒，翻煮两面。通常情况下，我们建议煮贝果的时间为每一面 15~60 秒，不宜过长。煮的时间太长，最后的成品并不是外韧里软的口感，只剩下难嚼的感觉。

以下两张图展示以不同的煮水时间，贝果面团煮完后的状态和烘烤后的成品差别。

图中从左至右对应面团每一面的煮水时间分别为：

不煮、煮 15 秒、煮 30 秒、煮 1 分钟、煮 1 分 30 秒、煮 2 分钟、煮 2 分 30 秒。

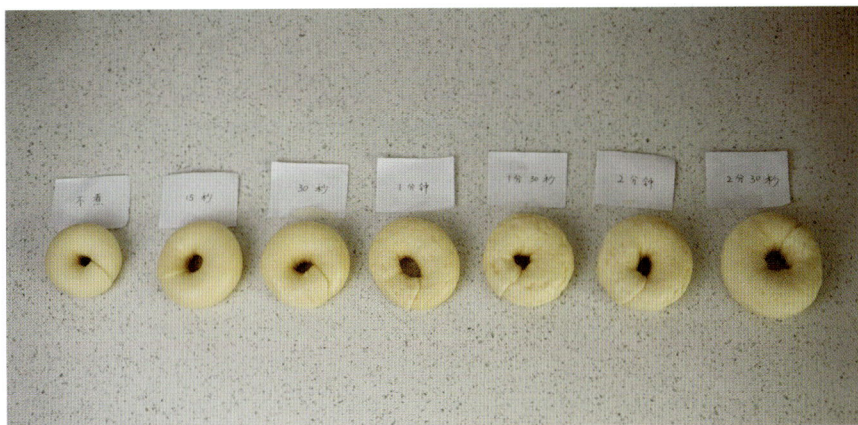

水煮不同时间的面团状态

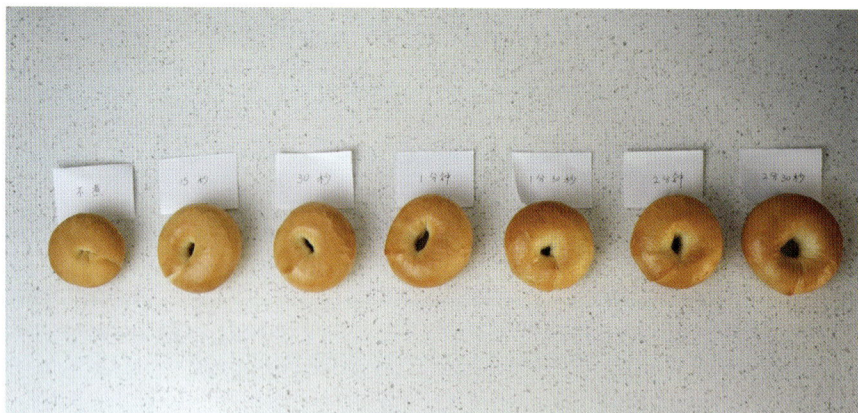

水煮不同时间的面包成品

可以看到，没有经过水煮的贝果表面缺少光泽。

Q 12. 煮贝果的水里可以不加糖吗？

A 煮贝果最关键的是"煮"，即使不加糖也是可以的。

但是，加入糖之后，煮好的面团经过烘烤，表皮附着的糖会产生酥脆感，此外面团上色的情况可能更好一些。

Q 13. 煮贝果的水里加入不同的食材，比如加入小苏打、白砂糖等，有什么区别吗？

A 煮贝果的水里加入不同的材料，对最后烤好的贝果成品颜色有所影响，如图所示。

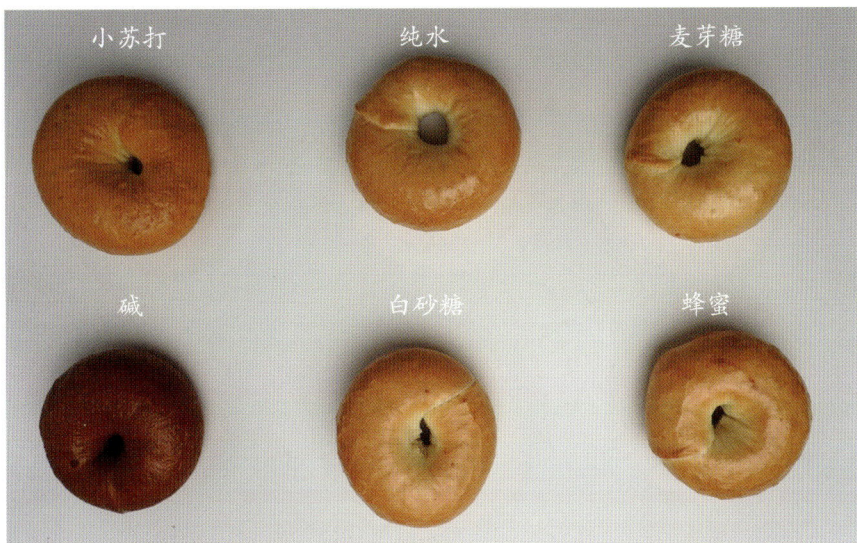

水里加入不同材料，煮出的贝果烘烤后的颜色

  由图可见，水里加入麦芽糖、白砂糖、蜂蜜，以及不加任何材料，贝果烘烤出来的颜色差异不大。

  水中加入小苏打（碳酸氢钠），贝果的颜色偏黄。

  水中加入碱，贝果颜色呈红棕色。碱指氢氧化钠（须注意，氢氧化钠溶液有腐蚀性，操作时须做好保护，避免皮肤沾到），面团放在碱水中泡过即可，不需要加热煮，此后烘烤出的成品表皮即具有韧性，并呈红棕色。

  水中加小苏打或加碱使贝果颜色加深的原理是一样的，它们都是碱性物质，可以提高 pH 值，加速贝果表面的美拉德反应，形成更深的棕色，并带来特殊的风味。而且，碱性环境会促进淀粉的糊化，产生更多可参与褐变反应的小分子。

Part 6

贝果的保存和食用

　　贝果做好后，面临的就是吃的问题。

　　如果一时吃不完，有办法将贝果长期保存，到食用时，可以恢复到如初出炉时的状态。

　　除了直接吃，还可以搭配抹酱，本章将介绍 8 款奶酪抹酱的做法，还有把贝果做成三明治的方法。

贝果怎样长期保存 ⚪⚪⚪

贝果需要冷冻保存！

很多人第一次听到这个保存方法的时候都会大吃一惊，随后发出"什么！冷冻吗？不是冷藏保存吗？"的惊叹。着实，在我们很多人眼里，总觉得冷藏是保鲜的"秘籍"。但对于面包这个品类来说，冷冻才是长期保存的最佳方式。

冷藏会让面包"回生"，口感变差。而冷冻保存可以让贝果存放 30 天以上，取出复热后口感几乎没有损失。

冷冻前要将贝果包好。可以把整个贝果直接包好。也可以先切开，例如将贝果横切成两半，再分别包好保存，这样从冷冻室拿出来经过复热，就可以直接涂抹馅料或者做三明治了。（也可以将两半贝果拼合在一起包好，但这样经过冷冻后，两半会牢固地粘在一起，经过解冻后才能分开，如果有人喜欢复烤贝果时将切面暴露以获得酥脆口感，就不适合这种包装法。）

整个贝果包好后送冷冻室

把切半的贝果分别包好，送冷冻室

冷藏保存的温度通常在 0 ～ 4℃之间，而这刚好是面粉"回生"的最佳温度区间。

我们在第三章的专题"为什么贝果在烘烤前要用水烫煮？"中提到："淀粉分子在大约55℃以及更高温的富水环境中会发生'糊化'——一种淀粉分子内部破裂，再与外部大量水分子结合的不可逆反应（结合键不会在温度降低后断裂）。"虽然糊化过程不可逆，面包经过冷藏保存后也不会再变回面团，但是淀粉分子与水分子结合的程度还是会受到温度的影响，在冷藏的温度下，不紧密的淀粉—水分子结合键会断裂，断裂后的这些淀粉分子会重新结晶，这就是"回生"，面包口感因此变得干、硬，内里不再如刚出炉或者复烤后的那般柔软。

贝果的复热食用 ◎ ◎ ◎

热的面包更好吃

大部分面包在温热时的口感最佳，此时淀粉分子和水分子的结合充分，面包内部质地柔嫩，即使是"硬欧"面包，内部也是柔软的。贝果的道理一样，所以大部分贝果在刚出炉并稍凉后，或者长期存放后经过复热，口感最佳，此时内部柔嫩，香味释放也很充分。

但也不尽然，比如有一种面包叫"生吐司"，就是在常温时的口感更好。有一些店售的贝果，面团内部有比较丰富的馅料，同时加入黄油、淡奶油、鸡蛋等副材料增添口感，很多人觉得它们在常温时口感就很好。所以，面包是否复热后更好吃，没有唯一的答案。

冷冻贝果的复热方法

贝果经过冷冻保存后，在食用前需要复热。

下面介绍贝果复热的5种方法，都是将贝果从冷冻室取出后直接进行的。大家按自己需要选择。

值得说明的是，下面的加热时间仅供参考，实际中受不同设备或环境的影响较大。有人可能按此时间复热后面包内心还是凉的，那就再加热一段时间，就能成功。而很多设备的火力强，按下面的时间复热就已热透，但如果加热更久，可能会把面包烤焦（用空气炸锅、烤箱时），或让面包内部变干硬（用微波炉时），形成不可逆的后果。所以请注意根据个人实际进行把控。

1. 自然解冻

贝果至少提前1小时放置室温下，进行自然解冻，而后食用。冬季室温很低的地区，解冻时间要延长。

2. 空气炸锅复烤

将冷冻贝果表面喷水（或用水龙头淋湿），放入空气炸锅，以180℃烤5 ~ 6分钟（时间仅供参考，可能随不同空气炸锅情况而有异）。

这样烤出来的贝果会有一层酥脆的表皮。

3. 烤箱复烤

将冷冻贝果表面喷水（或者用水龙头淋湿），放入烤箱（烤箱无须预热），以180℃烤10 ~ 12分钟（时间仅供参考，可能随不同烤箱情况而有较大差异）。

这样烤出来的贝果会有一层酥脆的表皮。

4.微波炉复烤

将冷冻贝果表面喷水（或者用水龙头淋湿），放入微波炉，以中高火加热40秒左右。

注意： 微波炉加热切忌时间过长，过长可能导致贝果内部变得干硬，如石头一般。如果40秒还未将贝果热透，那么延长时间以5秒为一次，逐步地进行延长为好。

5.蒸锅复热

将蒸锅里的水烧开之后，将冷冻的贝果直接置于热水上，加热4分钟左右即可。

蒸锅复热的贝果会失去酥脆的表皮，但仍保留有一定的嚼劲，这种特性非常适合一些人"怕上火"的饮食偏好。（我家里的长辈对贝果经常用这种方式复热。）

搭配贝果的抹酱 ○○○

　　为了让大家的贝果吃起来更加美味，下面介绍 8 种奶酪抹酱，可以和贝果搭配，有甜口有咸口，满足不同需求。

甜口味

·可可奶酪酱

配方

材料	用量
奶油奶酪	100 克
无糖可可粉	3 克
淡奶油	20 克
枫糖浆 *	10 克

* 没有枫糖浆时，可替换成蜂蜜，会失去部分风味。
* 喜欢甜口味的人可以增加枫糖浆的比例。

做法

1. 将奶油奶酪以室温软化。

2. 将所有材料倒入一个大碗里混合均匀，即完成。

·开心果奶酪酱

配方

材料	用量
奶油奶酪	100 克
开心果酱	10 克
淡奶油	10 克
蜂蜜	一小勺
开心果碎	适量

做法

1. 将奶油奶酪以室温软化。

2. 将所有材料混合均匀，即完成。

• 蓝莓奶酪酱

材料	用量
奶油奶酪	100 克
蓝莓酱 *	40 克
淡奶油	15 克

* 使用本书第 4 章 "无糖蓝莓贝果" 中的自制 "蓝莓酱"。

做法

1. 将奶油奶酪以室温软化。
2. 将所有材料混合均匀，即完成。

说明

　　蓝莓酱也可购买市售的产品使用，但效果存在差异：使用市售蓝莓酱做出来的抹酱颜色浅很多，甜味比较重，水分显得更大。因此如果改为采用等量的市售蓝莓酱，建议加入适量海盐来综合甜味，同时淡奶油可以省略，或减少至 5 克用量。

左：用市售蓝莓酱制作的蓝莓奶酪酱
右：用自制蓝莓酱制作的蓝莓奶酪酱

· 百香果奶酪酱

配方

材料	用量
奶油奶酪	100 克
百香果 *	半颗
浓稠酸奶	40 克
蜂蜜 *	适量

* 使用黄金百香果的话，可省略蜂蜜。

做法

1. 将奶油奶酪以室温软化。
2. 百香果对半切开，取出内部的果肉。
3. 将所有材料混合均匀，即完成。

· 罗勒青酱奶酪酱

配方

材料	用量
奶油奶酪	100 克
罗勒酱	35 克
蛋黄酱	30 克
盐	少许
帕玛森芝士丝	少许

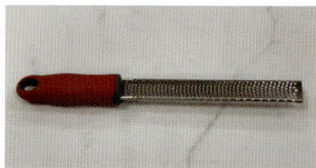

刨丝器

做法

1. 将奶油奶酪以室温软化。
2. 将奶油奶酪、罗勒酱、蛋黄酱混合均匀。
3. 加入适量盐、帕玛森芝士（用刨丝器刨成丝）调味，即可。

· 辣番茄奶酪酱

配方

材料	用量
奶油奶酪	100 克
番茄罐头	33 克
辣椒粉	2 克
干蒜末	2 克
卡士芝士粉	3 克
海盐	少量
黑胡椒	少量

做法

1. 将奶油奶酪以室温软化。
2. 将奶油奶酪、番茄罐头、辣椒粉、干蒜末、芝士粉混合均匀。
3. 加入适量海盐、黑胡椒调味，即可。

·香葱柠檬奶酪酱

配方

材料	用量
奶油奶酪	100 克
小葱白	7 克
柠檬丝	4 克
柠檬汁	1 克
海盐	少量
黑胡椒	少量

做法

1. 将奶油奶酪以室温软化。
2. 小葱洗净，只选取葱白部分，切碎。
3. 黄柠檬洗干净，用刨丝器刨取表皮成柠檬丝。

4. 将奶油奶酪、小葱白碎、柠檬丝、柠檬汁混合均匀。
5. 加入适量海盐、黑胡椒调味，即可。

·培根小葱奶酪酱

配方

材料	用量
奶油奶酪	100 克
培根肉	18 克
小葱（绿）	8 克
海盐	少量
黑胡椒	少量

做法

1. 将奶油奶酪以室温软化。
2. 小葱洗净，只选取绿色部分，切碎。
3. 将培根肉煮熟，捞出、切碎。

4. 将奶油奶酪、绿色小葱碎、培根肉丁混合均匀。
5. 加入适量海盐、黑胡椒调味，即可。

贝果三明治 ⭕⭕⭕

贝果三明治是可以自由创作的产品。将自己喜欢的食材、酱料自由组合，就可以制作出美味、营养丰富的贝果三明治。不同地区的小伙伴还可以创作出有自己地域特色的三明治。

以下是我的三明治示例。

·咸口味：海洋风味三明治

底层平铺生菜，然后依次叠放腌黄瓜、烟熏三文鱼，挤上黄芥末酱，平铺手撕蟹柳。不用开火也能拥有丰富的一餐。

·咸口味：牛油果鲜虾三明治

底层面包切面涂抹黄芥末酱和蛋黄酱，平铺牛油果片，叠番茄片，平铺煮熟去壳虾肉。滋味丰富且又让人感觉健康体轻的一餐。

·酸甜口味：夏日莓果三明治

给底层面包体抹上"百香果奶酪酱"（见前一节），然后铺上自己喜欢的水果，我选择了绿色的猕猴桃切片以及红色的树莓——早上看到这样一份颜色丰富的早餐，觉得一天的心情都变得美好。

图书在版编目（CIP）数据

贝果韧性美味的秘密 / 小鹅著. -- 福州 : 福建科
学技术出版社, 2025.5. -- ISBN 978-7-5335-7416-1

Ⅰ. TS213.21

中国国家版本馆CIP数据核字第2024BW0971号

出 版 人　郭　　武
责任编辑　陈滢璋
装帧设计　余景雯
责任校对　蔡雪梅

贝果韧性美味的秘密

著　　者　小　鹅
出版发行　福建科学技术出版社
社　　址　福州市东水路76号（邮编350001）
网　　址　www.fjstp.com
经　　销　福建新华发行（集团）有限责任公司
印　　刷　福州德安彩色印刷有限公司
开　　本　787毫米×1092毫米　1/16
印　　张　9
字　　数　148千字
版　　次　2025年5月第1版
印　　次　2025年5月第1次印刷
书　　号　ISBN 978-7-5335-7416-1
定　　价　78.00元

书中如有印装质量问题，可直接向本社调换。
版权所有，翻印必究。